社群網站資料探勘

看數字說故事
不用拔草也能測風向

Lam Thuy Vo 著／江湖海 譯

no starch press

獻給 má Lua、ba Liem 及 anh Luan

關於作者

Lam Thuy Vo 是 BuzzFeed News 的資深新聞記者，專門從事技術、社群和社交平台資料的交叉分析，涵蓋網路謠言、網路霸凌，以及媒體平台應負的責任。在此之前，她於華爾街日報、半島電視台美國頻道及 NPR 的 Planet Money 播客擔任播報團隊主管，報導美國以及亞洲地區的經濟活動，也從事十幾年的教育工作，建立許多新聞編輯的培訓計畫、全球性的新聞工作者講習班，並為紐約市立大學（CUNY）的克雷格紐馬克新聞研究學院規劃教學課程，曾於 Pop-Up 雜誌、翠貝卡電影節（Tribeca Film Festival) 的互動日和 TEDxNYC 等大型活動演講。

技術審校者

Melissa Lewis 在調查報告中心（CIR）的數據揭露 (Reveal) 部門擔任資料報告編撰工作。在加入 Reveal 部門之前曾做過俄勒岡人報的新聞資料編輯、Simple 的資料工程師、Periscopic 公司的資料分析師及奧勒岡健康與科學大學的神經科學研究助理，也是波特蘭的 PyLadies 小組成員及美國亞裔記者協會的波特蘭分會會員。

CONTENTS

目錄

PART I   資料探勘

PART II　資料分析

PART II　資料分析

6　資料分析導論

7　資料視覺化

8　進階的資料分析工具

ACKNOWLEDGMENTS

致謝

這段文字也許不是用來說「謝謝」，而是誠心接受在我人生中曾經以某種方式讓我心碎的人：沒有經歷錐心之痛就無法催生 Quantified Breakup，它是一個透過某人的數位足跡取得情感表現的資料視覺化網站。正因為這個專案，將我的工作推向嶄新的方向，亦即探索社交平台的資料和「自拍量化」（quantified selfies) 的應用，就在規劃此專案期間，No Starch 出版社的編輯 Jan Cash 剛好找我寫這本書。

更重要的是有些人仍然持續支持著我，要感謝 ma Lua 和 ba Liem 讓我成為充滿愛心和童心的旅者；謝謝哥哥 Luan Vo Nguyen Quang 和嫂子 Tiffany Talsma 長期支助，讓我可以跑遍各大洲；感謝 Cathy Deng 和 Jamica El，之前在舊金山灣區學習 Python 時不斷地鼓勵我；感謝 Julia B. Chan、Lo Benichou、Aaron Williams、Ted Han 及 Andrew Tran 在充滿同行競爭中的友情支持；還有 John Wingenter、Adrienne Lopes、Vita Ayala、Mariru Kojima 與 Toyin Ojih Odutola，讓身在異鄉的我也能感受到家庭的溫暖，最後，給我即將到來的侄女 Elynna Quynh Vo。

翻譯風格說明

資訊領域中，許多英文專有名詞翻譯成中文時，在意義上容易混淆，有些術語的中文譯詞相當混亂，例如 interface 有翻成「介面」或「界面」，為清楚傳達翻譯的意涵，特將本書有關術語之翻譯方式酌作如下說明，若與讀者的習慣用法不同，尚請體諒：

術語	說明
bit Byte	bit 和 Byte 是電腦資訊計量單位，bit 翻譯為位元、Byte 翻譯為位元組，學過計算機概論的人一定都知道，然而位元和位元組混雜在中文裡，反而不易辨識，為了閱讀簡明，本書不會特別將 bit 和 Byte 翻譯成中文。 譯者並故意用小寫 bit 和大寫 Byte 來強化兩者的區別。
column row	column 及 row 有兩派中文譯法。column 是指資料或文字由上而下排列，臺灣稱為「行」、對岸稱為「列」；而 row 是指資料或文字由左而右排列，臺灣稱為「列」、對岸稱為「行」。然本土的翻譯者有的採用大陸譯法，有的採用臺灣譯法，甚或口語上習慣使用「一行程式」或「一行紀錄」。 為遵循正體中文用法，本書將 column 譯為「行」，針對資料紀錄，有時會譯為「欄」或「欄位」；row 譯為「列」，針對資料紀錄，有時會譯為「筆」（如第 3 筆紀錄）。
interface	在程式或系統之間時，翻為「介面」，如應用程式介面。在人與系統或人與機器之間，則翻為「界面」，如人機界面、人性化界面。
protocol	在電腦網路領域多翻成「通訊協定」，為求文字簡潔，將簡稱「協定」。

公司名稱或人名的翻譯

屬家喻戶曉的公司，如微軟（Microsoft）、谷歌（Google）、臉書（Facebook）、推特（Twitter）在臺灣已有標準譯名，使用中文不會造成誤解，會適當以中文名稱表達，若公司名稱採縮寫形式，如 IBM 翻譯成「國際商業機器股份有限公司」反而過於冗長，這類公司名稱就不中譯。

有些公司或機構在臺灣並無統一譯名，採用音譯會因譯者個人喜好，造成中文用字差異，反而不易識別，因此，不常見的公司或機構名稱將維持英文表示。

人名翻譯亦採行上面的原則，對眾所周知的名人（如川普、柯林頓、希拉蕊），會採用中譯文字，一般性的人名（如 Jill、Jack）仍維持英文。

產品或工具程式的名稱不做翻譯

由於多數的產品專屬名稱若翻譯成中文反而不易理解，例如 Microsoft Office，若翻譯成微軟辦公室，恐怕沒有幾個人看得懂，為維持一致的概念，有關產品或軟體名稱及其品牌，將不做中文翻譯，例如 Windows、Chrome、Python。

縮寫術語不翻譯

許多電腦資訊領域的術語會採用縮寫字，如 UTF、HTML、CSS、...，活躍於電腦資訊的人，對這些縮寫字應不陌生，若採用全文的中文翻譯，如 HTML 翻譯成「超文本標記語言」，反而會失去對這些術語的感覺，無法充份表達其代表的意思，所以對於縮寫術語，如在該章第一次出現時，會用以「中文（英文縮寫）」方式註記，之後就直接採用縮寫。如下列例句的 HTML 及 CSS：

討論三種由 Web 瀏覽器處理的前端語言來揭開序幕，瀏覽器透過讀取、解讀超文本標記語言（HTML）、層疊樣式表（CSS）及 JavaScript 等三種語言來產生網頁內容

為方便讀者查閱全文中英對照，本書用到的縮寫術語之全文中英對照整理如下節「縮寫術語全稱中英對照表」，必要時讀者可翻閱參照。

部分不按文字原義翻譯

因為風土民情不同，對於情境的描述，國內外各有不同的文字藝術，為了讓本書能夠貼近國內的用法及閱讀上的順暢，有些文字並不會按照原文直譯，譯者會對內容酌做增減，若讀者採用中、英對照閱讀，可能會有語意上的落差，造成您的困擾，尚請見諒。

縮寫術語全稱中英對照表

縮寫	英文全文	中文翻譯
API	Application Programming Interface	應用程式介面
CIR	The Center for Investigative Reporting	調查報告中心
CLI	Command Line Interface	命令列界面
CSS	Cascading Style Sheets	層疊樣式表、階層式樣式表、串接式樣式表
CSV	Comma Separated Values	逗號分隔欄位
CUNY	The City University of New York	紐約市立大學
FOIA	Freedom of Information Act	資訊自由法（美國）
GDPR	General Data Protection Regulation	一般資料保護規則
HTML	HyperText Markup Language	超文本標記語言
JSON	JavaScript Object Notation	JavaScript 物件表示式
ML	machine learning	機器學習
NaN	Not a Number	非數值
NLP	natural language processing	自然語言處理
NLTK	Natural Language Toolkit	自然語言工具箱 (Python)
PyPI	Python Package Index	Python 套件索引
URL	Uniform Resource Locator	統一資源定位地址
UTC	Coordinated Universal Time	世界協調時間
UTF	Unicode Transformation Format	萬國碼轉換格式

INTRODUCTION

序章

許多人或許一時興起到社交網站進行短暫體驗，但可能僅是蜻蜓點水，一試便不再回頭。誘使他們瀏覽社交網站的原因，可能是喜歡IG（Instagram）裡的某張相片、分享某人在臉書（Facebook）發表的感言，或使用 WhatsApp 向朋友發送一則訊息，不管真正的互動結果如何，很可能做了這些行為之後，就不再去追蹤後續的動態。

從滑手機到點擊滑鼠的一切行為，我們的網路活動都被社交平台機構所掌握，並存放於全球各地的大型資料伺服器，現今在網路上產生的資料量遠遠超過以往，若能通盤審視這些資料，就可以深入瞭解人類的行為模式、長期偵測網路的虛假參與者（例如聊天機器人或利用假身分的謠言散布者），並瞭解演算法如何將可疑內容推播給觀眾，透過這些研究，即可調查可能造成的危害。

若發現這些資料有共通點，就可以找出產生資料的模式、趨勢或異常之處，進一步理解人們使用網路的方式及塑造出人類體驗網路的模型。本書的目的是要幫助那些一次只查看一條貼文（post）或一條推文（tweet）的人，能夠從更全面地理解這些社交內容，進而得到更多有意義的資訊。

淺談資料分析

資料分析師的主要目標是從大量訊息中獲得獨特而實用的見解，可以將資料分析看作查看大量紀錄的一種方法，可能是為了探討異常的單一事件或研究長期趨勢。檢查一堆資料想必耗費漫長時間，過程可能曲折、迴轉，甚至需要動用眾多資料檢查手法才能找出答案，反之，若能在更少的訪談中得到相同的結果，會讓受訪者有更好的感受。

即使問題簡單且一致，想要找到答案，還是需要依靠一些邏輯分析和哲學思考，哪些資料集有助於驗證行為模式？要怎樣才能拿到這些資料？如果想要知道臉書貼文的受歡迎程度，是否可以透過統計瀏覽者反應（讚、愛心、大笑或哇）的數量、留言的筆數、或者結合兩者權重來衡量？想要瞭解人們對推特（Twitter）上特定主題的討論內容，什麼才是分類推文的最佳方法？

因此，分析資料除須具備特定的技術能力，也是一種需要主觀及客觀判斷力的創造性活動過程，換句話說，資料分析既是一門科學，也是一門藝術。

目標讀者

本書是為幾乎沒有寫程式經驗的人而編寫的，鑑於網際網路上的社交平台及技術已對我們的生活造成重大影響，本書旨在利用一種直觀而易於存取的方法來探索網路上的社群媒體，透過實作練習，讀者將可學到程式撰寫、資料分析和社交網路的基本概念。

就某種程度來說，這本書適用對象就是從前的我（一位對世界充滿好奇，但又被論壇、研討會及線上教學的一堆術語所震懾的初生之犢），為了讓讀者易於融入書中內容，本書採用宏觀和微觀方式探索社交網路的生態，以及撰寫程式的細節。

撰寫程式不僅是建構一只機器人（bot）或一支應用程式的過程，也是在日益依賴技術的世界中，滿足好奇心的方法。

排版慣例

要存取及理解社群媒體中的資料，必須知曉資料的儲存位置、存取方法以及如何解析其內涵，分析網路上資料會涉及多個步驟，包括：資料收集、研究和探索、內容分析，在最後的步驟，還需要從資料中得出結論，據以回答人類最初為何會有這些行為和活動。

考慮到這些因素，特別提醒，本書不只是編寫一些程式片段，而是真正可以派上用場的完整工具，雖然書中內容包括從社交網路蒐集和分析資料的腳本，但真正的目的是在介紹資料分析的基本概念和工具開發，可將本書當作渴望研究特定主題、懷抱理想與抱負的研究人員之作業步驟指南，筆者希望藉由這些基礎，啟發讀者自主學習和探索這個領域，畢竟，社群媒體的格局不斷演變，因此，需要保持靈活及彈性，不斷調整分析方法，才能適時理解平台所產生的資料。

同理，本書的編排慣例是以符合讀者學習需要為優先考量因素，並非為了提供優雅幹練的程式碼，例如，書中程式使用大量全域變數（先別驚慌！書中會介紹各類型變數），雖然這不是撰寫程式的良好習慣，但對於不熟悉 Python 的人來說，可能是比較容易入門的作法。

至於書中提供的工具，主要衡量進入門檻相對較低、盡量挑選可在網路上免費取得，以便讓初學者能夠從簡易的專案切入。

涵蓋內容

本書各章是按照資料偵查的過程來安排，從說明如何（How）從何處（Where）查找社交網路裡的資料下手，總之，需要有資料才能進行分析！接著將學習處理、探索和分析這些資料所需的工具。

第一部分：資料探勘

第 1 章 必要的程式語言基礎：介紹網頁應用程式的前端語言（HTML、CSS 和 JavaScript），說明它們對挖掘社交平台資料的重要性；透過交談式界面的實際操作，學習 Python 語言的基礎用法。

第 2 章 到哪裡抓資料：說明什麼是 API，可以利用它存取哪些類型的資料，並按部就班引導讀者操作 JSON 格式的資料。為了進行資料分析，本章亦會說明探索及研究議題所採行的程序。

第 3 章 用程式讀取資料：介紹如何蒐集 YouTube API 回傳的資料，利用 Python 將 JSON 格式的資料整編到試算表，特別是轉換成 .csv 格式的檔案。

第 4 章 搜刮自己的臉書資料：定義什麼是搜刮（scraping），並介紹如何解析 HTML，以便將網頁中的內容轉換成欲探索的資料結構，還會介紹社交平台提供給用戶的資料副本（archive），以及如何萃取資料並轉存到 .csv 檔案。

第 5 章 直接從網站搜刮資料：談論搜刮網站資料的道德議題，並引導讀者完成維基百科（Wikipedia）頁面搜刮程式的撰寫。

第二部分：資料分析

第 6 章 資料分析導論：介紹資料分析所涉及的流程，藉由探索自動化帳號（網路機器人）的活動，說明 Google 試算表（Google Sheets）在資料分析上的應用。

第 7 章 資料視覺化：探索如何利用資料圖像化（visualization）工具的輔助，讓使用者更有效理解資料呈現的意義，例如在 Google 試算表中繪製圖表，並使用條件式格式設定突顯資料變化。

第 8 章 進階的資料分析工具：把使用 Google 試算表分析資料所學到的概念，移植到利用程式分析的應用領域，讀者將學到如何設置 Python 3 的虛擬環境、使用 Jupyter Notebooks（一支能讀取和執行 Python 程式碼的 Web 應用程式）、使用 Python 的 pandas 函式庫，也會探索資料集的結構及其富含的訊息。

第 9 章 找出 REDDIT 的資料趨勢：藉由前一章打下的基礎，本章將展示如何利用 pandas 的功能來修改與篩選資料，並執行基本的資料彙計（aggregation）作業。

第 10 章 評量推特上的政治活動：說明如何將資料轉換成時間戳記（timestamp）格式、使用 lambda 函式更有效率地修改資料，以及在 pandas 裡執行臨時性重新取樣。

第 11 章 未來之路：本章列出許多參考資源，包括：Python 進階技巧、更多的統計分析方法，以及處理文句所使用的自然語言處理（NLP）和機器學習（ML）。

本書習作的素材及程式碼可由下面網址取得：

https://github.com/lamthuyvo/social-media-data-book/tree/master/chapter_materials

下載並安裝 Python

為了完成書中的練習，需要在電腦上安裝許多工具，筆者會針對章節需要，提供安裝及設定說明，包括註冊 Google 帳戶及安裝 Python 程式，在繼續研讀本書內容之前，必須先在電腦上完成 Python 環境設置。

有許多管道可以安裝 Python，最直接的方法是從 http://python.org/downloads/ 下載適用於 Windows 或 macOS 的最新版 Python，讀者應該能夠找到適用於 64 bit 和 32 bit 電腦的安裝程式，若不清楚兩者的差別，請先別急著下載，繼續閱讀後面的說明。

WARNING

和所有程式語言一樣，Python 也歷經多次改版，Python 2 已是舊時代版本，不適合執行本書的程式，因此，請確保從網站取得最新版本的 Python 3，下載的檔案名稱除了主版號外，也許還會附加次版號（如 Python 3.7.3 代表 Python 3 的 7.3 版本），重點是要選擇主版號為 3 的 Python。

安裝於 Windows

如果要確認 Windows 作業系統是 64 bit 或 32 bit，請點擊「**開始**」功能表旁的「**搜尋**」（放大鏡圖示）功能尋找「**關於您的電腦**」，點擊「**關於您的電腦**」後，從「**系統類型**」欄位可得知此電腦的作業系統是 64 bit 或 32 bit。使用 Windows 7（微軟自 2020 年 1 月 14 日終止支援）的讀者，依序點擊「**開始 ▶ 控制台 ▶ 系統及安全性 ▶ 系統**」，從彈出視窗的「**系統類型**」欄位即可得知。

完成上面的操作後，請下載 Python 安裝檔，安裝檔的副檔名是 .exe。64 bit 作業系統者，請下載 Windows x86-64 executable installer；32 bit 作業系統者，下載 Windows x86 executable installer。直接雙擊下載回來的檔案即開啟安裝視窗，請按照以下說明完成安裝：（本書以 3.7.6 版為範例）

1. 請確認勾選「Install launcher for all users」（供所有用戶使用）
    及「Add Python 3.7 to PATH」（將 Python 3.7 路徑加到 PATH
    環境變數），然後點擊「Customize installation」（自定安裝）。

2. 在「Optional Features」（選用功能）視窗請直接點擊「Next」
    （下一步）。

3. 在「Advanced Options」（進階選項）請勾選「Install for all
    users」，並將「Customize install location」（自定安裝路徑）的
    內容修改為「C:\Python37」，然後點擊「Install」（安裝）。[*]

安裝於 macOS

為了確認你的 Mac 電腦是 64 bit 或 32 bit，請點擊功能表的蘋果圖示，
從下拉選單選擇「**關於這台 Mac**」，會開啟 Mac 的系統資訊視窗，請
查看其中的「**處理器**」（Processor）這一欄，它的值若是 Intel Core
Solo 或 Intel Core Duo，則為 32 bit 電腦；若顯示其他型號，例如 Intel
Core 2 Duo 或 Intel Core i5，則為 64 bit。

請依照電腦類型下載合適的安裝檔（macOS 64-bit/32-bit installer 或
macOS 64-bit installer），安裝檔的延申檔名為 .dmg 或 .pkg，直接雙
擊下載回來的檔案即開啟安裝視窗（可能會要求輸入管理員密碼），請
按照下列說明完成安裝：

1. 首先看到幾個說明畫面（軟體簡介和請先閱讀〔Read Me〕），遇
    到這類畫面，請點擊「繼續」（Continue）。

2. 在軟體許可權畫面點擊「繼續」，會跳出「同意許可權」條款的對
    話框，請點擊「同意」鈕。

3. 在安裝類型視窗，請選擇主要的硬碟名稱（例如 HD Macintosh），
    然後點擊「安裝」（Install）。

---

*譯註：原書使用已被淘汰的 Python 3.4，中譯本改用 3.7 版，其安裝步驟與 3.4 略有不同，譯者已調整安
裝說明。

翻譯本書時，Python 最新版本為 3.8.1 版，但 Python 自 3.8 版後只提供適用於 macOS 10.9 以後的
64 bit 安裝檔，考量使用 32 bit 的 macOS 使用者，譯本選用 Python 3.7.6 版，若讀者的 macOS 是
64 bit，可選用最新版的 Python。

卡關時的求助管道

學習撰寫程式是一個漸進過程，會不斷遭受挫折及失敗，但能從錯誤中學習到許多寶貴經驗，初學者常犯的小缺失：少個冒號（:）、拼錯關鍵字、逗號（,）標錯位置，這些小事可能讓人心灰意冷，但不要感到絕望！每位程式設計師都曾經歷過，學習如何尋找錯誤及更正（除錯），本來就是程式開發活動的一部分。

如前所述，社群媒體不斷變化的特性，意味著我們必須不斷調整程式來適應這些變化，或許某天我們需要分析文句所代表的意涵，另一天則需研究數千張圖片所代表的意義，換言之，優秀的程式設計師即為擁有豐富資源的設計師，遇到任何問題時，知道從哪裡尋求解決的方法。

首先，有幾種 Google 的搜尋語法可以找到解決程式撰寫問題的不錯方案，例如「程式語言 功能目標 特定關鍵字」的搜尋公式，可以輔助建構合適的搜尋語法，像「Python open .csv file」就是其中一種搜尋語句。

NOTE 有關更多優化搜尋語法的資訊，可參考 Suyeon Son 編寫的《Googling for Code Solutions Can Be Tricky—Here's How to Get Started》（靠 Google 搜尋程式問題的解法可能不容易，所以在此提供入門指引），網址為：https://knightlab.northwestern.edu/2014/03/13/googling-for-code-solutions-can-be-tricky-heres-how-to-get-started/。

上面的搜尋公式是查找程式範例或其他人常遭遇的問題之良好起點，許多問題及解答可能發表於 Stack Overflow 論壇，程式設計人員可透過該論壇彼此交流各種解決方案，仔細閱讀搜尋到的結果，可能會看到更多關鍵文字，據此持續優化搜尋語句。

接著，可能遇到許多類型的錯誤訊息，對程式新手來說，最令人沮喪的情況之一就是：即使小小的錯誤都可能導致程式中止執行，並出現令人費解的錯誤訊息。當撰寫一列含有錯誤代碼的程式時，Python 通常是顯示錯誤訊息，而不執行這一列程式。舉個例子，嘗試將文字和數值相加，相加兩種不同型別的資料會造成執行錯誤（有關資料型別和算數運算會在第 1 章介紹）。

```
>>> "R2D" + 2
Traceback (most recent call last):
  File "<stdin>", line 1, in <module>
❶ TypeError: can only concatenate str (not "int") to str
```

對於 Python 的錯誤，重點通常在訊息的底端 ❶，以這個案例來說，就是「TypeError: can only concatenate str (not "int") to str」（錯誤類型：只有字串（不是「整數」）才能和字串串接），要找出此錯誤的解決方法，可以將錯誤訊息複製 - 貼上搜尋引擎去尋找答案，如圖 1 所示。

此問題的查詢結果，大部分指向前面提到的 Stack Overflow 論壇，值得閱讀所有答案，並嘗試回覆者所提供的各種解決方案，得票數高的答案通常比較有幫助。閱覽提問者與回覆者之間的對話也有助於解決問題，如果這些資訊仍無法解決程式問題，請考慮申請一組 Stack Overflow 或類似線上平台的帳號，主動參與開發人員社群，俾利取得適當協助。

圖 1：針對「TypeError: can only concatenate str (not "int") to str」的 Google 搜尋結果

底下提供如何從 Stack Overflow 或類似論壇取得有效協助的方式，這些技巧整理自另一本由 No Starch 出版，Al Sweigart 著作的《Automate the Boring Stuff with Python》：*

- 表明你要達成的目標，而非僅描述做了什麼，這樣才能讓開發人員思考有無其他替代方案可以達成你想要的目標。

- 說明你做了什麼處理、已經嘗試找過哪些解決方法，以及其他有助於開發人員研判問題的資訊，以便知道如何相助，例如，提供正確的 Python 版本及使用的電腦環境。

---

* 譯註：《Automate the Boring Stuff with Python》中譯本已由碁峰資訊出版，名稱為《Python 自動化的樂趣｜搞定重複瑣碎 & 單調無聊的工作》

- 如果遇到錯誤，請將整個錯誤訊息複製 - 貼上論壇中，切記！一定要修改或刪除任何識別資訊，例如姓名（可能也是你電腦的名稱）、密碼及其他登入系統的身分細節，以保護自己或他人隱私，為了有效利用空間，對於太長的程式碼，可以先貼到 Paste Bin（http://pastebin.com/），再將鏈結網址插到提問的內容中。

- 最後，請查閱 Stack Overflow 的實用指南（https://stackoverflow.com/help/how-to-ask/），瞭解論壇提問的其他較佳作法。

在網路上向不認識的人求助，似乎不是件容易的事情，但只要有禮貌地請教，並且顧及他人回應的時間，應該可以得到相當不錯的結果。

小結

現今可以從社交平台獲得人們諸多的互動和行為資訊，儘管像臉書或推特之類的公司已經找到匯整及利用這些資料的方法，筆者始終認為應該讓研究人員和一般使用者也有能力從這些龐大的資料中探索出自己的獨到見解，本書即為此類資料分析提供適合初學者的入門指引。

筆者擔任講師十多年了，誠心樂見學生和同儕有所成就，雖然本書所涉領域有限，期待它能引起初學者的好奇心，激勵他們繼續學習，為此，請三不五時到我的網站（https://lamivo.com/tips.html）瀏覽筆者提供的教材。

事不宜遲！且讓我們開始這趟旅程吧！

PART I

資料探勘

THE PROGRAMMING LANGUAGES
YOU'LL NEED TO KNOW

1

必要的程式語言基礎

前端語言

後端語言

不管是討論臉書（Facebook）的貼文、推特（Twitter）的推文，還是 Yelp 的評論，都需要瞭解線上平台的網頁結構，才能從中萃取資訊，為此，需要學習程式撰寫和網頁設計的基礎知識。

本章將簡要介紹與 Web 相關的程式語言，以及資料探勘方面該下的功夫。瞭解資料庫和網頁之間的互動方式，將有助於分析哪些類型的社交資料可從網路取得以及如何取得。

那麼該從哪裡開始呢？對於初學者而言，撰寫程式肯定會讓某些人感到卻步（至少筆者覺得是這樣！）。在程式設計的世界裡充滿一堆專有縮寫詞、術語和形形色色的程式語言，看到這麼多的語言，真令人不知所措，因此，且讓我們將鏡頭拉遠，先看看程式語言扮演的角色，暫不去探究它的細節。

前端語言

網頁使用的程式語言大致可分成：前端語言和後端語言。本章由討論三種由 Web 瀏覽器處理的前端語言來揭開序幕，瀏覽器透過讀取、解讀超文本標記語言（HTML）、層疊樣式表（CSS）及 JavaScript 等三種語言來產生網頁內容（稱為網頁渲染），這些語言對我們來說很重要，因為它們包含我們想從社交平台挖掘的內容。

NOTE　本章後半部分會介紹後端語言，這些語言會與伺服器、資料庫和資料串流溝通，連線到儲存社交資料的伺服器蒐集想要分析的資料時，它們就會開始運作。

HTML 的功用

許多社交平台將我們想收集的資料存放在網站中，內容則由 HTML 構成，HTML 將文字及圖片組合成網頁版面，以便瀏覽器能夠渲染畫面或顯示內容給使用者閱覽，HTML 的程式碼本身只是一份純文字檔案，但是在瀏覽器裡開啟 HTML 檔案時，它告訴瀏覽器如何安排內容的布局及風格，並以網頁形式呈現渲染結果。

網頁是由 .html 副檔名的檔案所組成，多數網站常以 index.html 作為首頁，瀏覽器一開始拜訪網站時，通常會先搜索此一檔案。這些檔案一般儲存於伺服器上，伺服器就像裝有硬碟的電腦一樣，伺服器一直處於執行中，可以讓其他電腦透過網際網路去存取這些檔案。

統一資源定位地址（URL）有點像通往伺服器裡的資料夾之位址，當瀏覽器前往 URL 時，會下載程式碼，並逐列解譯及渲染成可看見的畫面，最簡單的網頁可以只包含一列程式碼，如圖 1-1 所示。

圖 1-1：一個非常基本的網頁

此網頁背後程式碼如下所示：

```
<p> 嗨！大家好 </p>
```

在這段程式碼中，它的內容是「嗨！大家好」，而圍繞內容的兩組文字則稱為 *HTML* 標籤（tag）。

標籤由文字和角括號（<>）所組成，用於指示瀏覽器如何處理各種類型的內容，例如，上面的程式碼範例，<p> 和 </p> 告訴瀏覽器此列程式是一個段落文字，瀏覽器透過標籤還可以知道哪些內容是標題、圖片，或者其他類型資訊。標籤和標籤所括住的內容合稱為元素（Element），通常每個元素以起始標籤開頭（如 <p>）、結束標籤結尾（如 </p>），結束標籤和起始標籤相同，只是在左角括號（<）之後多一條斜線（/），起始與結束標籤之間是要呈現在網頁的內容，有些元素稱為空元素（void element），它不需要使用結束標籤，例如 <img> 或
。

圖 1-2 是一組基本的 HTML 段落元素。

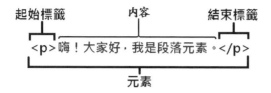

圖 1-2：一組 HTML 段落元素

當瀏覽器渲染圖 1-2 的元素，呈現的效果類似圖 1-3 所示。

嗨！大家好，我是段落元素。

圖 1-3：瀏覽器開啟圖 1-2 的段落元素所呈現的樣貌

簡言之，HTML 標籤是一種告訴瀏覽器如何建構內容的方法，標籤括住的資訊則告訴瀏覽器要在網頁上呈現什麼內容。

HTML 元素也可以巢狀嵌套（nested），意思是標籤包含一組或多組其他標籤及其內容，此功能通常用來聚合相關的元素，例如，可以將標題元素和段落元素嵌套在 <div> 標籤裡，div 稱作區塊標籤或圖層標籤，將標題和段落元素嵌套在 div 裡頭，即表示此二者是一夥的，為了呈現嵌套的樣子，通常會採用內縮格式編寫程式碼，即對內縮的程式碼前面插入空格（space）或定位（tab）字元，雖然沒有強制規定使用內縮編排，卻可以提高程式的可讀性。

下式是將圖 1-2 的段落元素放到 <div> 標籤中：

```
<div>
    <p> 嗨！大家好，我是段落元素。</p>
</div>
```

現在，整個段落元素包含在 <div> 標籤圍起來的區域內，為呈現段落元素被嵌套樣子，特地將它與 <div> 標籤分置在不同的文字列，並內縮 4 個空格，而在瀏覽器呈現嵌套段落元素的結果類似圖 1-4 所示。

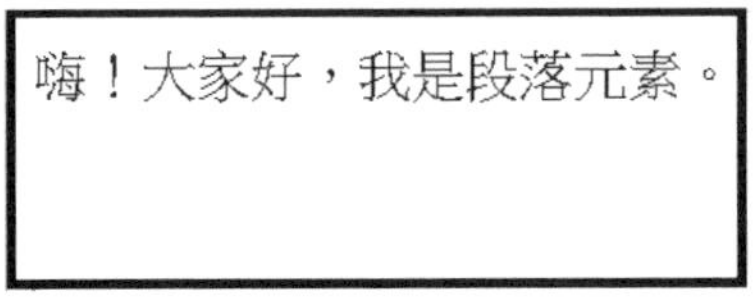

> 嗨！大家好，我是段落元素。

圖 1-4：在瀏覽器呈現 div 和嵌套的段落元素

HTML 會忽略程式碼內縮，而 div 元素的效果不會顯現出來，這表示瀏覽器僅呈現段落標籤的內容，其結果與圖 1-3 的樣貌是一樣的。

儘管無法看到瀏覽器上的 div 元素和其他無形的 HTML 結構，但它們卻很實用，可以將網頁組織切分成不同區塊，想像一條推文由許多部分組成，每一條推文包含發布者的推特註冊資訊（帳號、個人基本資料、相片）、時間戳記、推文內容、轉推（retweet）次數和按讚（favorite）計數，這些成份全部聚合在 HTML 標籤的嵌套中。嵌套應用可以非常錯綜複雜，取決於網頁內容複雜程度以及彼此關聯的元素數量，某些嵌套元素甚至可以再被其他元素嵌套！

從網站挖掘資訊時，這些結構有助於瞭解 HTML 內容的組合方式，以及定位欲挖掘的資料所在，稍後將再討論如何巡覽嵌套元素，以便檢查推文的 HTML 結構，但在此之前，還需要介紹與 HTML 緊密相依的 CSS 語言。

CSS 的功用

到目前為止所展示的例子都只是純文字形態，但網頁通常不會只是純文字，例如，推文的內文可能與發布日期時間的字型、顏色和大小不一樣，你可能想知道瀏覽器為何能以不同顏色、字體和大小來呈現 HTML 內容，就是靠接下來要介紹的 CSS。

CSS 是 HTML 文件擁有顏色、特色及風格的原因！CSS 是讓不同類型的 HTML 內容披上特定外觀的語言，可以將 CSS 看作一組視覺呈現規則，告訴瀏覽器對每個 HTML 元素在網頁要長成什麼樣子。

例如，透過 CSS 可以將圖 1-4 的內容變成圖 1-5 的樣子（文字顏色變淡）。

嗨！大家好，我是段落元素。

圖 1-5：在瀏覽器中使用 CSS 樣式渲染 div 和段落元素

在社交平台的資料中，CSS 通常用於確保相同類型的元素有一致的風格，例如，在推文時間軸（timeline）上，每條推文的時間戳記需要以相同的字體、顏色和大小顯示。

有好幾種方法可以為 HTML 標籤指定 CSS 樣式，其中一種是內聯（inline）的 CSS，它是在建立 HTML 標籤的同一列程式中指定 CSS，可以參考清單 1-1 的例子。

```
<div ❶style="❷color: #727272;">
    <p> 嗨！大家好，我是段落元素。</p>
</div>
```

清單 1-1：使用內聯 CSS 設定 <div> 標籤的樣式

以這個範例來說，是將一組屬性（attribute）加到 div 元素的起始標籤裡。屬性是指與該 HTML 標籤相關聯的其他資訊，屬性名稱跟隨在左角括號（<）和標籤名稱（本例 div）之後、右角括號（>）之前，屬性名稱後面跟著一個等號（=），接著是屬性值，該值由雙引號（也可使用單引號）括住，屬性通常是代表其所在的標籤之特性，而屬性的影響會向下傳遞給被嵌套的 HTML 元素。以此例而言，div 元素擁有內聯 CSS 的 style 屬性 ❶，表示 <div> 標籤內的所有內容都必須遵循此 style 屬性所定義的 CSS 樣式規則，由於段落元素被嵌套在 div 元素內，因此，段落元素及其內容會繼承此 div 的所有樣式。

透過 CSS 的特性（property）可以改變網頁元素的顏色、字體和其他樣式，CSS 特性的使用方式與 HTML 屬性相似，但其型式是以冒號（:）分隔特性名稱與特性值，上例的 style 屬性使用 color 特性 ❷ 來決定文字的顏色，此網頁使用十六進制的顏色代碼（相關資料請參閱 https://www.w3schools.com/colors/），顏色由六位數字組成，此例的 #727272 代表灰色。

另一種將 CSS 加到 HTML 的方法是把樣式規則編寫在內部樣式表，此樣式表置於 <style></style> 樣式標籤之間，並直接內嵌在 HTML 網頁，而不是內聯於元素標籤裡，所以稱為內部樣式表。

在檢視使用內部樣式表的網頁時，會在 <style> 標籤內找到許多類別（class）名稱和 ID 名稱，類別是一組定義在 <style> 標籤中的樣式規則，可以套用於多個 HTML 元素，透過類別，可以定義一組樣式規則而套用到多個不同的元素上，每個 HTML 元素可以設定多個類別名稱。ID 與類別相似，也可以在 <style> 標籤中為它定義樣式規則，但是一個 ID 名稱只能供一組 HTML 元素使用，不能指定給多個元素。

清單 1-2 是一組使用類別及 ID 設定樣式規則的內部樣式表範例。

```
<style>
.my_styles❶{
    color: #727272;
    font-size: 16px;
    font-weight: 600;
    text-shadow: 2px 2px #d8d8d8;
}
#my_div❷{
    font-family: 標楷體 , "Proxima Nova", sans-serif;
}
</style>

<div class="my_styles" id="my_div">❸
    <p> 嗨！大家好，我是段落元素。</p>
</div>
```

清單 1-2：使用內部樣式表將 CSS 樣式指定給 HTML 元素

每組樣式規則都位於 <style> 標籤之間，第一組樣式規則是類別型式，類別型式樣式規則會由句點（.）及類別名稱開頭 ❶，此例的類別名稱為 my_styles（請注意，名稱中間沒有空格），類別名稱後面跟著大括號（{}），大括號裡頭是此類別的樣式規則，這裡可看到 CSS 為擁有 my_styles 類別的元素設定了 color、font-size、font-weight 及 text-shadow 樣式；此例的下一組規則是建立 ID 樣式，ID 名稱為 my_div❷，ID 型的樣式規則用井號（#）標示，後跟 ID 名稱，樣式規則依然置於大括號之間，內部樣式表最後會以 </style> 的結束標籤做結尾。

雖然這裡將 CSS 樣式規則定義在 HTML 檔案裡，並不表示它們已經套用到任何 HTML 元素，為了設定 HTML 元素的樣式，還需要在標籤裡指定類別或 ID 名稱。

為此，將「my_styles」類別和「my_div」 ID 分別設定到 <div> 標籤的 class 和 id 屬性 ❸，現在 div 元素裡的所有內容都會依照 my_styles 類別和 my_div ID 的規則來設定樣式。

圖 1-6 是此由 CSS 和 HTML 所建立的網頁外觀。

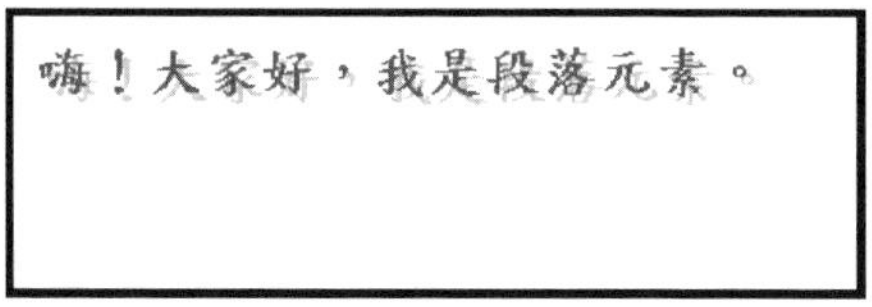

嗨！大家好，我是段落元素。

圖 1-6：將清單 1-2 定義的內部樣式表套用到巢狀嵌套的 div 元素的結果

開發人員在設計網站時，通常會編寫數百（甚至數千）列 CSS，當樣式規則變得日益複雜時，開發人員會將它們放在樣式表檔（style sheet）的獨立檔案中，再透過外部鏈結標籤將樣式表檔載入 HTML 頁面，如下所示：

```
<link rel="stylesheet" type="text/css" href="css/mystyle.css">
```

CSS 樣式表以 .css 副檔名儲存在伺服器上，外部樣式表的編寫格式與內部樣式表一樣，唯一的差別是不需要使 HTML 的 <style> 標籤，因為外部樣式表不是 HTML 文件。

樣式表包含許多讓網頁看起來更漂亮的資訊，目前看來，似乎與我們的目的無關，但它可以幫助我們理解設計師布置網頁元素的手法，因此，仍有其重要性，若設計師利用類別，以特定方式為所有臉書貼文的標題設置樣式，對我們來說，要找出每個包含標題的 HTML 元素就會更加容易。

既然已經瞭解網頁的基礎設計和結構，且讓我們藉由推特的例子來看看 HTML 和 CSS 的實際作用。

推文的 HTML 和 CSS 結構

如圖 1-7 所示，從推特時間軸上的一條推文開始。

圖 1-7：顯示在推特時間軸上的一條推文範例

時間軸上的每個項目都代表一條推文，可能是你從以前到現在所累積的結果，每條推文附有一部分訊息，推文都是利用 HTML 和 CSS 來組織及呈現結果。

當瀏覽器渲染出清晰的視覺效果供使用者觀看時，網站所執行的動作會比我們當初所想像的要多得多，且以原始碼方式檢視推文的內容，來看看它的背後玄機，為了達此目的，需要調用瀏覽器的一項不錯功能：開發人員工具。許多瀏覽器（如 Chrome）都內建此功能，本書的範例使用免費的 Google Chrome 瀏覽器，你可以從 https://www.google.com/chrome/ 下載該瀏覽器。*

利用 Chrome 瀏覽推特網站，並前進到時間軸，然後點擊其中一條推文，為了要在 Chrome 查看該推文的 HTML 程式碼，請由 Chrome 的右上角三豎點（⋮）的「**自定及管理 Google Chrome**」功能圖示開啟下拉選單，再依序點擊「**更多工具 ▶ 開發人員工具**」，在 Windows 中可以利用 Ctrl+Shift+I（或 F12）快捷鍵，Mac 則可使用 Command+Option+I。

瀏覽器會開啟第二組檢視區，稱為網頁檢視器（Web Inspector），如圖 1-8，透過網頁檢視器可以查看網頁背面的原始碼。

圖 1-8：在網頁檢視器開啟一條推文的原始碼

---

* 譯註：開發人員工具是 IE 及 Chrome 的稱呼，FireFox 則叫做網頁工具箱、Opera 叫開發者工具，而 Safari 稱為網頁檢閱器。

將滑鼠游標逐列移到程式碼的上面，此時 Chrome 應該會在網頁上標示出與滑鼠游標所在的程式碼所對應之內容，可以透過點擊 HTML 標籤左側的小三角形來展開或收合被嵌套的 HTML 元素，當滑鼠游標停留在嵌套標籤的上幾層時，可能會標示出整個網頁，但我們的目的只想查看構成單一推文的程式碼，讀者在執行此項操作時，需要向內部逐一探索每個被嵌套的標籤，直到 Chrome 標示出要查找的網頁內容，如果是大型或複雜的網頁，此過程可能需要費一點工夫。

以這個例子來看，我們要直接跳到想查找的內容。請用滑鼠點擊網頁檢視器（注意，不是網頁上喔！），然後，Windows 系統請按 Ctrl+F，Mac 系統請按 Command+F，此時，網頁檢視器應該會出現搜尋欄，請在搜尋欄輸入「permalink-container」，然後按 Enter 鍵，應該會被帶往一組 div 類別，而它正處在被標示出來的單條推文上。

現在可以看到該推文由嵌套在 <div> 標籤中的一堆程式碼所組成，而該 div 標籤則已設定了 permalink-container 類別，注意，此程式碼是由標籤和類別所組成，就像之前所介紹的簡單 HTML 範例一樣，雖然這裡的網頁資料看起來比較複雜，但鑲嵌在標籤中的資訊卻和之前的簡單 HTML 程式碼沒什麼差別。

仔細查看此推文背後的程式碼，好像有很多資料，別擔心！底下將逐一分解，一次只檢視其中一部分。清單 1-3 是圖 1-8 的推文程式碼之縮簡版（因為每條推文可能有 600 多列程式碼！）。

```
❶<div class="permalink-container permalink-container--withArrows">
  <div role="main" class="permalink light-inline-actions  stream-uncapped
original-permalink-page">

    <div class="permalink-inner permalink-tweet-container">
```

```
❷ <div class="tweet permalink-tweet js-actionable-user
js-actionable-tweet js-original-tweet has-cards with-social-proof has-
content logged-in no-replies js-initial-focus focus" data-associatedtw
eet-id="1218105431228182529" data-tweet-id="1218105431228182529" data-
item-id="1218105431228182529" ❸ data-permalink-path="/taiwantfc/
status/1218105431228182529" data-conversation-id="1218105431228182529"
datatweet-nonce="1218105431228182529-f30dd53d-6fe8-4553-9224-69186d43d82c"
data-tweet-stat-initialized="true" data-screen-name="taiwantfc" data-
name="台灣事實查核中心 TFC" data-user-id="1023756819125039104" data-you-
follow="true" data-follows-you="false" data-you-block="false" data-reply-
to-usersjson="[[{&quot;id_str&quot;:&quot;1023756819125039104&quot;,&quot;s
creen_name&quot;:&quot;taiwantfc&quot;,&quot;name&quot;:&quot;\u53f0\u7063\
u4e8b\u5be6\u67e5\u6838\u4e2d\u5fc3 TFC&quot;,&quot;emojified_name&quot;::
{&quot;text&quot;:&quot;\u53f0\u7063\u4e8b\u5be6\u67e5\u6838\u4e2d\u5fc3
TFC&quot;,&quot;emojified_text_as_html&quot;:&quot;\u53f0\u7063\u4e8b\u5be6\
u67e5\u6838\u4e2d\u5fc3 TFC&quot;}}]]" data-disclosure-type="" data-has-
cards="true"tabindex="0">

        <div class="content clearfix">
            <div class="permalink-header">
                <a class="account-group js-account-group js-action-
profile js-user-profile-link js-nav" href="/taiwantfc" data-
user-id="1023756819125039104">
                    <img class="avatar js-action-profile-avatar"
src="https://pbs.twimg.com/profile_images/1023756938167836672/XpGkA6nL_
bigger.png" alt="">
                    <span class="FullNameGroup">
    ❹<strong class="fullname show-popup-with-id " data-aria-label-
part="">BuzzFeed</strong><span>&rlm;</span>
-- 部分程式碼省略 --
</div>
```

清單 1-3：組成一條推文的 HTML 程式碼範例

清單 1-3：組成一條推文的 HTML 程式碼範例

對於推特的每條推文之 HTML 結構都是這般，乍看之下，會覺得此例的 HTML 程式碼既複雜又費解，但只要逐一查看每個元素的組成，就能夠理解它的涵義，讀完本書，讀者將能夠撰寫工具程式，從成千上百個這種結構的元素中自動萃取想要的資訊。

帶有 permalink-container 類別的 <div> 是一組 HTML 標籤，它用來包住整條推文 ❶，嵌套在該標籤內的是帶有 tweet 類別 ❷ 的另一組 <div>，它包含一些與推文相關但不顯示在畫面的資訊，某些資訊的名稱易於理解，如 data-follows-you 告訴瀏覽器：這條推文的發布者是否關注你的推特帳戶活動。其他像 data-permalink-path❸ 就不易理解其意義，需要下一些工夫調查，在這個例子，data-permalink-path 是此推文在推特網址（https://twitter.com/）末尾的鏈結代碼。這份縮簡版的程式碼後段，有一組帶有 fullname 類別的 <strong> 標籤 ❹，該標籤是為了讓文字以粗體呈現，而 <strong> 標籤的內容則為推特帳戶名稱「**台灣事實查核中心 TFC**」。

雖然這份程式碼初看起來讓人很有壓迫感，但仔細梳理就可以找出與推文相關的重要資訊，其實要從社交平台挖掘資料，大多會遇到相同的情況。

JavaScript 的功用

HTML 和 CSS 與資料收集工作直接相關，因為它們與我們感興趣的社交內容緊密相聯，但另一項與網頁內容變化有關的是 JavaScript。

JavaScript 是一種讓網頁具互動性，可操縱頁面元素呈現方式的程式語言，能夠在網頁渲染前後動態更改布局，換句話說，透過 JavaScript 可以變更 HTML 的屬性和 CSS 的特性，甚至為網頁新增或移除 HTML 元素。

來看看如何使用 JavaScript 變更清單 1-4 中的段落文字之顏色。

```
-- 上面的樣式表規則省略 --
<div class="my_styles" id="my_div">
    <p>嗨！大家好，我是段落元素。</p>
</div>
```

清單 1-4：嵌套在 div 標籤中的段落元素

在瀏覽器中，這段程式碼渲染的結果如圖 1-9。

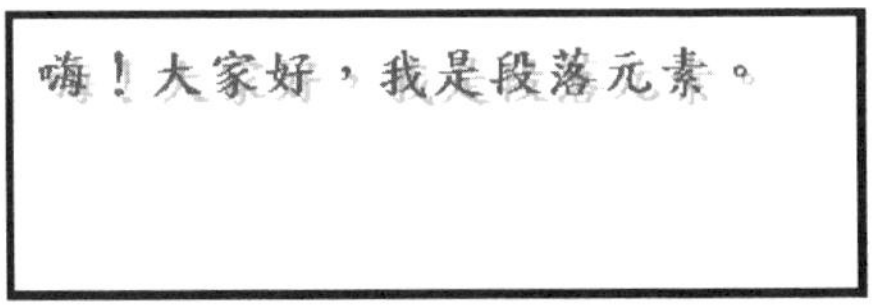

嗨！大家好，我是段落元素。

圖 1-9：將樣式套用到 div 所呈現的段落內容

清單 1-4 的程式碼包含一組 <div> 標籤，該標籤具有 my_styles 類別和 my_div ID，利用 JavaScript 可以選擇此段落的 HTML 標籤，並操作其類別或 ID，一旦取得此標籤的類別或 ID，就可以使用 JavaScript 替此標籤指定新類別或新樣式。

將一些 JavaScript 加到清單 1-4 的程式碼裡，加入後如清單 1-5 所示，這些 JavaScript 可藉由 my_div ID 選取 HTML 元素。

```
❶ <div class="my_styles" id="my_div">
      <p>嗨！大家好，我是段落元素。</p>
  </div>
❷ <script type="text/javascript">
          ❸document.getElementById("my_div").style.color = "red"
  </script>
```

清單 1-5：JavaScript 利用 ID 選取網頁元素，並修改其顏色

JavaScript 必須置於 <script> 標籤之間，此標籤告訴瀏覽器其內容是用 HTML 以外的語言所撰寫的程式，瀏覽器需要知道使用的是哪種程式語言，所以，<script> 標籤的 type 屬性設成 <text/javascript>❷。

或許無法完全理解 JavaScript 的內容，但通常藉由閱讀程式碼，總能辨認出許多重點。試著分解閱覽 ❸ 處的 JavaScript，先來看看 document 物件，這裡使用 JavaScript 的 getElementById() 函式，顧名思義，它的功用是根據 ID 取得網頁元素！對於多數程式語言，當程式碼帶有括號時，括號外的部分會依照括號裡的內容做出回應，在此例中，my_div 在括號內部，等於告訴 getElementById() 對 my_div 執行操作，這裡是抓取帶有 my_div ID 為的 div 元素 ❶，接著對取得的 div 指定一個新的 CSS 樣式和顏色，這裡是將「red」（紅色）套用到新樣式上。

透過這段 JavaScript，現在已經變更瀏覽器裡的文字之顏色，如圖 1-10，原本灰色的文字變成了紅色。

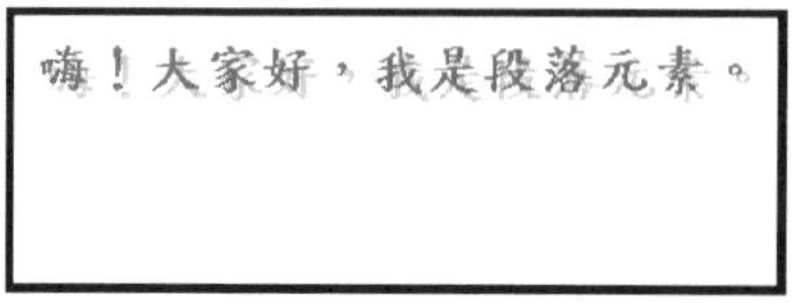

嗨！大家好，我是段落元素。

圖 1-10：利用 JavaScript 在 div 套用新樣式的結果

這只是 JavaScript 的基本功能，本書的讀者不需要知道如何撰寫 JavaScript，但應該瞭解它是網頁的重要成員之一，並且具有改變網頁內容的能力，包括我們打算從社交平收集的內容。

後端語言

誠如之前所見，在檢視社交網站的程式碼時，在意的多數資料都顯而易見，但還是有其他方法可以存取一般使用者看不見的資料，這些方法是給程式人員使用的，想運用這些方法就要會寫程式，為此，需要學習一種後端語言。

後端語言能夠與伺服器上的資料庫溝通，用來新增、修改資料。想像伺服器是一種可經由網際網路存取的硬碟，一部保有大量資料的實體硬碟，裡頭包括充滿社交資料的資料庫，以及可供線上瀏覽的所有 HTML 和 CSS 檔案。後端語言也可以在你的電腦上建立純文字檔案或電子試算表等等，並將資料直接寫入這些檔案中。

使用 Python

本書使用 Python 作為後端語言來收集和分析資料，Python 是由活躍社群所維護的開源程式語言，免費提供程式設計師使用，甚至可用於商業目的，它會定期更新，已發展多個版本，本書使用 Python 3.7 版。

書中的內容並不是為了讓讀者成為 Python 高手，只是為了幫助你瞭解程式設計的基本概念和 Python 的運作模式，並能夠閱讀現有腳本（帶有程式碼的純文字檔案）及根據需要修改程式碼，換言之，讀完本書並無法讓你撰寫完美、複雜的 Python 腳本，但已足夠讓你具有威脅性，並能為達成目的而撰寫腳本。

不論讀者的電腦是否已安裝 Python，都應到 Python 的官方網站（https://www.python.org/downloads/）下載及安裝最新版本的 Python 3。

Python 入門

在使用 Python 之前，需要瞭解撰寫程式的基本概念，接下來的內容會針對這方面進行介紹，每個習題都可視為一組詞彙或語法課程，逐步地寫出完整的「句子」（這裡是指一列 Python 功能）。

練習時，需要將程式碼鍵入互動式解譯環境（一組可讀取並理解 Python 語法的人機界面）中。首先，在電腦上開啟命令列界面（CLI）視窗，這是一支可以讓你在電腦上執命令的程式，使用 Mac 電腦者，請開啟應用程式資料夾裡的終端機；使用 Windows 者，由「**開始**」功能表開啟「**命令提示字元**」。

開啟 CLI 並輸入「python3」（在 Mac）或「python」（在 Windows），應該就能開啟 Python 的互動式解譯環境（以下簡稱互動環境），看到如圖 1-11 所示 3 個連續大於（>>>）的提示符號，就表示已順利啟動互動環境。

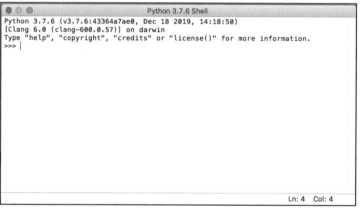

圖 1-11：利用 Mac 內建的命令列開啟 Python 互動式解譯環境

現在，CLI 視窗知道如何解譯 Python 程式了，先輸入下列的簡單命令，然後按 Enter 鍵：

```
>>> print("hello!")
```

恭禧！剛剛寫下了你的第一條 Python 程式，它是告訴互動環境印出「hello!」文字，在命令之後應會立即顯示這個文字，如下所示：

```
>>> print("hello!")
hello!
```

讀者輸入的命令稱為 print 敘述句（statement），會印出引號（" "）所括住的內容。

除了印出文字外，Python 也可以進行數學運算，且來小試一下，在互動環境輸入下列式子：

```
>>> 5 + 4
9
```

Python 的數學方程式稱為運算式（expression），它是可利用運算子（operator）改變數值的程式碼，運算式是撰寫程式的基本概念之一，可將數字之類的東西改變成不同結果。

此例中使用兩個值（5 和 4），並利用算數運算子對它們進行改造，也就是對這些數值執行運算，這裡的加號（+）就是運算子。

每個值都有與之關聯的型別，稱為資料型別（data type）。資料型別是指資料的分類，例如數值可以是一種資料型別，文字又是另一種資料型別。Python 對各種資料型別的處理方式都不一樣，並非所有運算子都適用於各種資料型別，讀者需明辨。

Python 裡常用到幾種資料型別，包括整數，例如 1、2、3、4、5 等，也會用到帶有小數點的浮點數，例如 1.2 和 3.456；需要處理文字時，可使用字串，它將字元串在一起，並由雙引號（" "）或單引號（' '）括住，字串內容可以包括字母、數字、空格和其他符號。例如 "Lam"、'Lam 是作家'、" 碁峰資訊 " 和 '(02)8192-4433' 都屬於字串。

操作數值

Python 提供許多算數運算子，如之前看到的加號（+），它將運算子兩邊的數值相加，讀者還會發現其他在學校學過的數學運算子。

例如，減號（-）是從左側的值減去右側的值：

```
>>> 2 - 1
1
```

除了加、減外，有一些常見運算子是使用不同的符號來代替，例如傳統算數的乘號「×」，Python 使用星號（*）代替：

```
>>> 2 * 3
6
```

同樣地，除法使用斜線（/）代替，運算結果會得到浮點數：

```
>>> 6 / 2
3.0
```

Python 還有其他幾個用於數值的運算子，不過，這裡先來看看其他資料型別的操作。

操作字串

除了用 Python 操作整數和浮點數，也來玩玩字串，再回到互動環境，接著輸入：

```
>>> "Hello, my name is " + "Lam"
'Hello, my name is Lam'
```

好極了！使用字串串接運算子（+）將兩組字串合併成一組，所謂串接是將幾個東西連接在一起的動作。

字串串接運算子與數值計數的加法運算子使用相同符號，但兩者的行為卻截然不同，因為它們是對不同的資料型別執行運算。

兩個雙引號或兩個單引號之間的任何字元集合都是字串，即使看起來像另一種資料型別（如數字），它依然是字串，例如在兩個引號之間擺上一組數字，在另兩個引號之間也擺上他組數字，Python 也不會對它們執行算數運算，而是為它們建立一個新的字串：

```
>>> "5" + "4"
'54'
```

字串「"5"」與整數「5」並不一樣，「"4"」和「4」也是不同，當這兩個字串值經由加號（+）運算時，是將它們串接，而非相加。一定要有效掌握不同資料型別的差異，否則，使用不當就會出錯。例如嘗試用加號串接字串和整數（如 "5" + 4）就會出現錯誤，因為 Python 不知道這個運算子是要執行數值相加或字串串接。

請注意，Python 可交替使用單引號或雙引號括住字串，但同一組字串請保持一致用法，若雙引號開頭，則必須以雙引號結尾，同理，使用單引號亦然，最好整個腳本維持同一種使用約定。

使用變數保存資料值

既然已經瞭解利用運算式改變資料值，接下來將討論另一個重要概念：變數（variable）。變數是一種儲存如整數、浮點數或字串等資料值的方式，將變數想像成一個具有名稱的盒子，將資料值放入該盒子後，就可以透過名稱來引用這些值，也可以更改盒子裡的值，或替換成其他值，將一筆資料放入變數，就叫作「將值指定給（assigning）變數」（為變數賦值）。

要建立一個變數，就給它一個名稱，變數名稱應該要有描述變數性質的能力，就像將裝滿鍋碗瓢盆的盒子寫上「廚房用具」一樣，而不是隨意寫上「一堆東西」，Python 幾乎允許用任何名稱來命名變數，不過，變數名稱裡不能有空格，也不能定義成已被使用的名稱，也就是不能有兩個完全相同名稱的變數，也不可以使用 Python 的關鍵字做為變數名稱，例如只使用數字做為變數名稱，可能被誤認是整數值。

確定變數名稱後，即可使用賦值（assignment）運算子（=）將資料值儲存到變數裡。

舉個例子，要將字串 Lam 指定給 name 這個變數，請在互動環境中輸入 name、賦值運算子，然後輸入要指定的值「Lam」（記住，字串要用引號括起來），如下所示：

```
>>> name = "Lam"
```

現在已經告訴互動環境，變數 name 保有「Lam」這個值，和之前的練習不同，這裡不會輸出 Python 的執行結果。

要印出儲存在 name 變數裡的值，請在 print() 命令中輸入變數名稱，而不是字串值：

```
>>> print(name)
Lam
```

該變數 name 存有「Lam」，因此 print() 命令會輸出字串值。

也可以在運算式中使用變數代替字串值，如下列程式碼所示：

```
>>> "My name is " + name
'My name is Lam'
```

Python 抓取字串「My name is 」，並且和儲存在 name 變數中的值進行串接。

還可以藉由指定一個不同的值來改變儲存在變數裡的內容，來看看它是怎麼運作的：

```
>>> name = "Lam"
>>> "My name is " + name
'My name is Lam'
>>> name = "Rosa"
>>> "My name is " + name
'My name is Rosa'
```

第一列將字串「Lam」指定給 name，然後在一條運算式中將它印出，該運算式輸出「My name is Lam」；再來為 name 指定「Rosa」值，以便 Python 將新值存到變數，如果再執行之前的 print() 命令，Python 會使用當前所儲存的值，而印出的結果是「My name is Rosa」。

很棒的是，可以將數字儲存在變數裡，並用它來執行數學運算：

```
>>> initial_age = 10
>>> time_passed = 20.5
>>> initial_age + time_passed
30.5
```

首先將整數 10 指定給 initial_age 變數，然後將浮點數 20.5 指定給 time_passed 變數，在第三列使用加號將指定給 initial_age 的值與指定給 time_passed 的值相加，由於是相加儲存在變數 initial_age 和 time_passed 裡值，所以結果為 30.5。

從這些例子可知，能夠為變數指定不同資料型別的內容，變數可以容納字串、浮點數和整數，對於蒐集社交網站的資料，變數扮演重要角色，例如，能夠將網站上收集到的資料暫時保存在適當的變數中，再將每個資料寫入試算表裡。

用清單儲存多個值

除了儲存單一值，變數也可以利用清單（list）形式保存多個資料值，清單是 Python 裡可以容納多種類型資料的資料型別，要在 Python 中建立清單，只要在兩個中括號（[]）之間放入欲儲存的值，各個值之間再用逗號（,）分隔。請試著在互動環境中建立一組清單，如下所示：

```
>>> ["Lam", "Rosa"]
['Lam', 'Rosa']
```

同樣，也可以將清單值指定給一個變數，就像指定字串變數那般。在互動環境中，如下式建立一個清單變數：

```
>>> names = ["Lam", "Rosa"]
```

要印出清單內容，請使用 print（）命令：

```
>>> print(names)
['Lam', 'Rosa']
```

清單也是處理不同資料型別的好方法，例如將整數和字串混合保存：

```
>>> numbers = [0, 2.6, 7]
>>> tweet_statistics = [536, 301, "New York"]
```

如你所見，第一個變數 numbers 儲存整數及浮點數（0、2.6 和 7）清單，而第二個變數 tweet_statistics 具儲存整數（536 和 301）和字串（"New York"）清單。

從社交平台蒐集不同類型的資料時，不同資料型別的清單就非常實用，例如，將某條推文的擁有者之推特帳戶資料儲存到清單；也可以將推文相關的統計資訊儲存在清單裡，例如，將按讚的數量（536）、轉推的數量（301）及該推文關聯的位置（"New York"）儲存到 tweet_statistics 變數裡。

無論要處理哪種類型的資料，都可以利用清單來儲存資料，開始收集資料時，熟悉清單的使用，對我們會有莫大幫助。

函式

由前面的練習可看出 Python 具有很不一樣的力量，藉由運算式可操控及修改資料，運算式本身已具有強大功能，但更強的是 Python 有重複執行動作的能力，且比人類以往所做的都還要快。

若要計算臉書頁面上所發布的貼文數目，當然可以手動逐頁統計貼文篇數，但如果要統計 10 頁、100 頁，甚至 1000 頁上的貼文數，可能要花費數小時、數天，甚至幾週的時間！若能撰寫一支 Python 腳本來計算頁面的貼文數，就可以重複使用這支腳本計算任意數量頁面的貼文數，更棒的是相較於手動統計，Python 幾乎可以在瞬間就算出貼文數量。

要利用此能力，就需要靠函式（function），它就像是一堆指令的集合，可以一再地反覆執行，就像食譜一樣。

比如做蘋果派，自己或許不需要說明書，若是要做一堆蘋果派，而且需要其他人幫忙，可能就需要寫出食譜，這樣，不論有多少人來幫忙，他們只要按照食譜操作，你不必向每個人說明蘋果派的做法。

函式就像你所寫的食譜，只要有了這個指令集合，愛執行幾次就執行幾次，也可以借給其他程式完成相同的功能。

要執行函式，請先寫下函式的名稱，然後加上左、右括號，在括號內可以指定函式要操作的值或變數，放在函式括號內的資料稱為引數。例如之前一直使用的 print() 命令，其實是一支名為 print 的函式，該函式以括號內的字串作為參數。*

先來談談 Python 的內建函式，將 Python 安裝到電腦時，就有許多開發和維護 Python 的人將這些函式編入 Python 中，我們可以馬上使用這些函式，print() 就是其中之一。

另一個內建函式是 len()，它可以測量資料值的長度，例如，用 len() 測量字串的長度：

```
>>> len("apple pie")
9
```

這段程式計算字串中包括空格在內的字元數，當執行此函式（即呼叫該函式），它回傳整數值「9」，表示字串內有 9 個字元。

---

*譯註：引數（Argument）與參數（Parameter）是一體兩面，定義函式時，在括號內指定的變數叫作引數；呼叫此函式時，真正要傳遞給函式處理的資料叫參數。但在許多時候會直接用參數來代表兩者。

len() 也可以測量清單值的長度，先建立一組名為 apples 的清單變數，再使用 len() 函式計算清單裡有多少成員：

```
>>> apples = ["honeycrisp", "royal gala"]
>>> len(apples)
2
```

此清單有兩個字串成員：「honeycrisp」和「royal gala」，對 apples 變數執行 len() 函式時，它將回傳整數 2。

內建函式可處理 Python 的諸多基本任務，有關 Python 的內建函式，可參考社群提供的一份長長清單：

https://docs.python.org/3/library/functions.html

自定函式

要建立自己的函式（即宣告〔declare〕），請輸入以下內容。

```
>>> def write_sentence(word):
        new_sentence = word + " is my favorite kind of apple."
        print(new_sentence)
```

使用關鍵字 def 定義自己的函式，它會通知 Python，表示我們即將撰寫函式，然後為函式取一個名稱（本例為 write_sentence），並在名稱後面加上括號，如果函式需要操作參數，請在括號裡輸入引數名稱，函式藉由引數名稱參照欲操作的對象。

冒號（:）表示以下內縮的所有程式列都屬於該函式的一部分。像 HTML 之類的 Web 語言，程式碼內縮是可選的，但 Python 的內縮卻是必要，且具有決定性意義，當在程式列的最前面使用定位鍵（Tab）或 4 個空格內縮時，它告訴 Python 那些程式碼屬於同一功能區塊。

Python 會將內縮的所有內容都當成該函式內的指令，直到遇著一列未內縮的程式碼為止，一旦碰到未內縮的程式列，Python 就知道它已經到達函式結尾，接著處理程式碼的下一部分。

在內縮的程式碼中定義 new_sentence 變數，然後利用加號及「 is my favorite kind of apple.」建立一組新字串，並將運算結果儲存在 new_sentence 變數，接著印出 new_sentence 的內容。

定義函式與呼叫函式不同，記住，函式就像食譜，定義函式就像寫下食譜的步驟，但如果不使用真正的食材執行食譜的步驟，就無法享受美食！因此，最後仍需要呼叫新建的函式，並將參數傳遞給它處理。

請將「honeycrisp」字串傳遞給 write_sentence() 函式當作參數：

```
>>> write_sentence("honeycrisp")
honeycrisp is my favorite kind of apple.
```

函式的威力不只是為某個字串執行功能，還可以使用其他字串執行，接下來，再運行函式兩次，每次都使用不同的字串作為參數：

```
>>> writesentence("royal gala")
royal gala is my favorite kind of apple.
>>> writesentence("granny smith")
granny smith is my favorite kind of apple.
```

如本例所示，可以一遍又一遍地利用此函式，以不同的字串來建立新的句子。

現在，已經介紹函式的強大之處，藉由函式可以重複執行同一組的指令好幾回，但是，就算能夠建立符合所需的函式並執行它，要為每個待處理的實體呼叫此函式仍是一件繁瑣的事，尤其是在需要用到幾百或幾千次的情況下。接下來，將學習另一個概念，它可以自動執行程式碼好幾次，即迴圈。

迴圈

迴圈（Loop）可讓相同的運算重複執行很多次，以這裡的目的，使用迴圈遍歷一組清單的內容，並操作每個成員，為此，將使用 for 迴圈。

為了說明迴圈的威力，請重新審視蘋果派食譜，想像有 4 顆蘋果需要逐一削皮，如果有一部可協助完成瑣事的機器人（將來應該會有！），就可以編寫一組 for 迴圈指示機器人到桶子裡逐一取出蘋果並削皮，也許可以給機器人助手一個這樣的指令「for each apple in our bucket of apples, peel the apple!」（對每一顆在桶子裡的蘋果，削去蘋果皮）

在機器人語言（Python）中，建立 for 迴圈必須遵循一定準則，其結構類似：

```
for apple in list_of_apples:
    這裡是指示機器人做事的指令所在
```

以一個有效的 Python 範例來看看此準則的工作原理，首先需要定義供迴圈處理（或稱迭代〔iterate〕）的清單，然後定義一組 for 迴圈，以便告訴 Python 哪個清單要由迴圈處理：

```
>>> apples = ["honeycrisp", "royal gala"]
>>> for apple in apples:
        new_string = "I'm peeling the " + apple + "."
        print(new_string)

I'm peeling the honeycrisp.
I'm peeling the royal gala.
```

如之前所為，這個例子用兩組字串定義蘋果清單，接下來是用 for 迴圈遍歷清單中的每個成員，為此，需要將該成員暫時儲存在變數中，這裡是將 apples 的成員一次一個地儲存到 apple 變數，待會兒就會看到它的工作方式。

與函式類似，for 迴圈後面通常會跟隨一組指令，它會對清單中的每個成員都執行這些指令，如同函式一般，for 迴圈也使用冒號告訴 Python 指令的起始處，而內縮則告訴 Python 哪些程式碼屬於這個迴圈。

在迴圈裡，會將 apple 變數與另一字串串接，將結果儲存到 new_string 變數，然後再由程式印出剛剛建立的新字串。

for 迴圈會對清單中的每個成員執行相同的指令集，所以互動環境印出兩組新字串，首先，for 迴圈將 apples 清單中的第一項指定給 apple 變數，此時 apple 的內容是字串「honeycrisp」，然後，for 迴圈執行它內部的程式，印出第一個字串「I'm peeling the honeycrisp.」，完成 for 迴圈的一次迭代。完成第一次迭代，它會檢查 apples 清單是否仍有其他成員，如果有，再將下一個成員指定給 apple，以這裡的情況，就是將字串「royal gala」指定給 apple，for 迴圈再次執行它內部的程式，結果是輸出為「I'm peeling the royal gala.」，這是迴圈的第二次迭代。for 迴圈會繼續移到清單中的下一個成員，並為每個成員執行程式碼，直到所有成員都處理完畢為止。由於 apples 只包含兩個成員，故此 for 迴圈在兩次迭代後就執行完畢。

從網站上蒐集資料時常常用到迴圈，以程式從線上蒐集資料，會將標題或時間戳記之類的資料放入清單裡，然後利用清單及迭代功能，為每個資料進行一些處理，例如，每一條推文的時間戳計可能以長字串方式保存，像是「2019-01-22 06:58:44」，可以為分離日期和時間而寫一支函式，透過迴圈呼叫此函式，將每條推文的日期分離出來，不必手動處理每個時間戳記。

條件式

最後來談談邏輯運算，迴圈可以自動處理大量資料，對每筆資料執行相同的操作，但這種方式將每個資料視為齊頭平等，若遇到應做不同處理的資料項，腳本該怎麼辦呢？此時，該輪到條件式（Conditional）上場了。

條件式告訴 Python 根據條件是否被滿足來執行程式碼，if 子句是最常用的條件式之一，它告訴 Python 如果條件為「真」（條件成立），應該做某一件事；若條件不成立，則 else 子句會告訴 Python 執行其他程式。if 子句可以單獨使用，但 else 子句則必須搭配 if 才能執行。

條件式通常搭配邏輯運算子使用，藉以判定條件的真偽。在數學中，可能使用大於（>）來編寫算式，像「5 > 9」代表「五大於九」，由於 5 實際上並不大於 9，所以此算式不成立，結果是「偽」（false）。除了部分邏輯運算子與數學符號不同外，其他的邏輯運算子與數學符號相似。數學中測試相等時，使用單個等號（=），但因 Python 的賦值敘述句也使用單個等號，所以，用來檢查兩個值是否相等的邏輯運算子就改用兩個等號（==）。

表 1-1 列出可和條件式一起使用的邏輯運算子。

表 1-1：邏輯運算子

運算子	功用說明	範例
==	如果運算子左右兩邊的值相等，則條件結果為 true。	("pie" == "cake") 結果不是 true（就是 false）
!=	如果運算子左右兩邊的值不相等，則條件結果為 true。	("pie" != "cake") 結果為 true
>	如果運算子左邊的值大於右邊的值，則條件結果為 true。	(4 > 10) 結果不是 true
<	如果運算子左邊的值小於右邊的值，則條件結果為 true。	(4 < 10) 結果為 true
>=	如果運算子左邊的值大於或等於右邊的值，則條件結果為 true。	(4 >= 10) 結果不是 true
<=	如果運算子左邊的值小於或等於右邊的值，則條件結果為 true。	(4 <= 10) 結果為 true

現在已經瞭解 if 和條件運算式的工作原理，來看一個例子，如果 food 變數是「pie」，就要求 Python 給我們一些派；當 food 不等於「pie」時，就印出一些訊息。首先，將「pie」字串指定給變數 food，然後輸入 if 及條件運算式「food == "pie"」，它的意思是「food 變數擁有 pie 這個值」，後面再跟著冒號（：），if 敘述句也使用內縮來表示程式區塊範圍，就如同函式和迴圈那樣，使用 Tab 鍵內縮 if 敘述句之後的程式列。現在，當 food == "pie" 的條件成立時，在冒號之後的內縮程式都是 Python 執行 if 區塊的一部分，以這個例子而言，如果 food == "pie"，Python 就要輸出「Give me some pie!」（給我一些派！），接著使用 else 和冒號告訴 Python 在條件不成立時該做什麼事，再一次使用 Tab 鍵寫下內縮的程式碼，Python 知道在條件不成立時要執行內縮的指令，這裡是要印出「I'm not hungry.」（我不餓！）。

```
>>> food = "pie"
>>> if food == "pie" :
        print("Give me some pie!")
    else:
        print("I'm not hungry")

Give me some pie!
```

在互動環境執行此程式碼時，由於「if food == "pie"」條件成立，所以印出「Give me some pie!」。

從社交平台蒐集的資料可能是不規則的，如果程式碼沒有處理這些差異，也許會導致錯誤，if 敘述句是在蒐集資料的腳本中，處理「最壞處境」的好方法，假設要用 Python 收集臉書裡 100 個不同社團的介紹文字，由於未強制版主替社團撰寫介紹文字，可能有些社團有介紹文字，有些社團則沒有，若使用 for 迴圈遍歷清單中的所有社團，Python 會尋找每個社團的介紹文字，即使這些社團都沒有介紹文字。這可能會干擾 Python 腳本，遇到這種情況，條件式就很實用，if 該社團有介紹文字，就蒐集該筆資訊，else 就記錄一筆通用文字「This group does not have a description」（此社團沒有介紹文字）。

本章小結

本書涵蓋很多基礎概念,儘管無法讓你成為各種 Web 語言(前端或後端)的專家,但希望可幫助讀者瞭解 Web 語言的基本功能,在許多方面,學習程式語言就像人類學習口語,首先,要學習一些最常見的詞彙和語法,接下來才能擴充詞彙能力,讓口語變得更加流利。可以將剛剛學到的函式名稱和 HTML 標籤視為程式語言的詞彙,將條件式、迴圈和 if 敘述句等概念看作語法,這些基礎知識可幫助讀者解讀後續各章所撰寫的腳本,並且隨著書中內容從一支範例轉成另一支範例,藉此基礎提升程式撰寫能力。

下一章將探索做為資料源的應用程式介面(API),並應用本章介紹的 Python 知識,以 YouTube API 來請求及讀取資料。

2

到哪裡抓資料

API 概述

利用 API 抓取資料

使用資料回答研究議題

與 社交平台互動時，我們的行為會留下足跡，在臉書打卡、到推特轉推、或於 Instagram 按讚，這些動作都代表一個記錄在網際網路某處的資料點，當同意這些公司的服務條款，就表示允許他們儲存這些資料，資料可能被轉供大眾使用。

這些公司允許第三方藉由應用程式介面 (API) 使用上述資料，API 就像社交平台和想存取該平台資訊的開發人員之間的仲介，本章將以 YouTube 為例介紹 API 的用途，以及透過它們可以取得什麼樣的資料。

API 概述

最簡單的說法，API 是讓程式人員存取其他開發人員的程式碼之接口，一些程式人員開發自己的應用程式時，會利用 API 存取線上平台的資料，例如利用 Instagram 官方 API，讓使用者從應用程式將圖片發布到 Instagram，換句話說，Instagram API 允許開發人員將其程式碼連接到該使用者在 Instagram 的帳戶。

如稍後將討論的，API 也可讓開發人員藉由 JavaScript 與網際網路上的伺服器和資料庫進行通信（請求資料）。

為了有效理解 API 工作原理，這裡做個類比，假設你是某家餐廳的顧客，API 就像服務生，他為你提供一系列選項，接受點餐、送餐，而餐廳老闆則決定菜單內容，以及控制擺盤方式和出餐流程，菜單則詳細說明可供應的菜色、每道菜的名稱及其烹飪方式。

以我們處境來看，社交平台代表餐廳老闆，開發人員（或使用端）代表顧客，菜單上的菜餚代表我們要收集的資料。使用端可以是用於上網的任何技術，例如瀏覽器、手機或筆記型電腦上的其他應用程式。

像臉書或推特這樣的公司，可以提供一個或多個資料 API，也可以完全不提供，就算有 API 供第三方存取它的資料庫，通常也會限制可用範圍，並隨時變更資料共享政策。公眾對隱私濫用感到憤怒、新頒法規對個人隱私的保護要求及社交平台的新聞事件，這些因素都會影響公司提供資料的政策，某些公司甚至要求付費才能存取它所保有的資料。

為了找出每家公司經由 API 提供給開發人員的資訊類型，通常須要仔細閱讀它的文件，也就是使用手冊，不幸的，文件並沒有標準化，甚至連一些很有經驗的研究人員也感到晦澀難懂，更何況是剛入門的新手，部分原因是文件內容通常針對應用程式開發人員而撰寫，不是為研究員、銷售員或其他非開發人員。

找出公司提供哪些資訊的最好方法是到 Google 搜尋該公司的 API。

利用 API 抓取資料

現在應該可大致理解 API 的工作原理，接下來將研究如何使用 API 存取資料。

如前所述，第三方機構藉由腳本使用 API 請求資料，這些腳本一般是由機器（電腦）執行的純文字檔案，可以將腳本想像成替你執行任務的小機器人，這部機器人可以和 API 進行溝通，藉由 API 請求資料、讀取 API 接收到的資料，並根據這些資料建立試算表。

腳本通常利用 URL（就像瀏覽網頁的網址）與 API 通信，透過 URL 和 API 溝通稱為呼叫網址 API（簡稱呼叫 API）。就像多數 URL 一樣，也可以將呼叫 API 的 URL 複製 - 貼上瀏覽器，瀏覽器就會返回所請求的資料之文字內容，當使用腳本呼叫 API，腳本就會收到如瀏覽器中所顯示的資訊。

以 Google 的 YouTube API 為例，透過此 API 可存取大量資料，包括 YouTube 頻道說明或一段時間內的觀看次數。將想要取得的資料類型附加在 URL 傳送給 API，在本練習中，將向 BuzzFeed Tasty YouTube 頁面的貼文饋送點發送請求，為此，呼叫以下 API：

https://www.googleapis.com/youtube/v3/search?channelId=UCJFp8uSYCjXOMnkUyb3CQ3Q&part=snippet

URL 的每個部分都有不同用途，一組 API 呼叫由兩種類型的字串組成：*API* 基底網址（即 API）及其所需的參數，這些參數告訴 API 你想要取得哪些資料，以及匹配你身分的資訊。用之前的例子比喻，API 名稱即我們正用餐的餐廳，參數則是菜單上的單項菜色。

> NOTE　不同的 API 有不同的呼叫結構，要瞭解如何建構存取所需資訊的呼叫組成，應查閱 API 文件，更詳細資訊將在「提升 API 回傳結果」小節中說明。

此範例的 API 基底網址為「https://www.googleapis.com/youtube/」，它會將瀏覽器或 Python 腳本指向 Google 的 YouTube API，接下來的參數告訴 Google 使用哪個版本的 API，社交平台會不時更新，API 有時也需要配合更新，API 版本與基底網址間用斜線分隔，這裡使用 v3 版的 API（由於版本經常更新，必須查閱文件，以確保使用正確的版本）。再下一個參數是 search，表示要搜尋 YouTube 影片。

然後，指定要搜尋的內容，這裡是要從 BuzzFeed Tasty 頻道尋找影片，它的頻道代號是「UCJFp8uSYCjXOMnkUyb3CQ3Q」，當瀏覽某一 YouTube 頻道時，可從網址的尾端看到頻道代號，Tasty 頻道的 URL 是：

https://www.youtube.com/channel/UCJFp8uSYCjXOMnkUyb3CQ3Q

要將頻道代號當作參數，先鍵入參數名稱 channelId，後面跟著等號（＝）及長長的頻道代號，完整的參數看起來就像：channelId=UCJFp8uSYCjXOMnkUyb3CQ3Q（注意，它們之間沒有空格）。

接下來指定此 API 要存取的資料類型，為了再增加另一個參數，這裡插入「&」符號，然後跟著 part 參數名稱，代表要讀取 YouTube 影片資料的哪一部分，這個例子是要讀取 snippet，它是指 YouTube API 提供的頻道和影片資訊（如影片說明或頻道標題）。

現在有了 URL，準備進行第一次的 API 呼叫！在下一章將使用 Python 腳本來呼叫，但現在只需將 API 呼叫的 URL 複製 - 貼上瀏覽器即可，這樣可以立即看到 API 的回應結果。完成此操作後，瀏覽器回傳類似清單 2-1 的訊息。

```
{
 "error": {
  "errors": [
   {
    "domain": "usageLimits",
    "reason": "dailyLimitExceededUnreg",
    "message": "Daily Limit for Unauthenticated Use Exceeded. Continued use
requires signup.",
    "extendedHelp": "https://code.google.com/apis/console"
   }
  ],
  "code": 403,
  "message": "Daily Limit for Unauthenticated Use Exceeded. Continued use
requires signup."
 }
}
```

清單 2-1：呼叫 API 後，瀏覽器呈現的回傳訊息，讀者的操作結果可能與書中內容略有不同

清單 2-1 是第一次執行 API 的結果！此回應內容的結構是 *JavaScript* 物件表示式（JSON），這是一種 API 傳遞資料的格式，稍後會對 JSON 詳細說明。

如果仔細閱讀回應內容，會看到「error」（錯誤）這個字，表示呼叫結果發生問題，API 無法從 BuzzFeed Tasty 頻道取得貼文。

在撰寫程式時，常常需要閱讀和理解錯誤訊息，對於初學者，可能會覺得自己花了很多時間在測試和修正程式碼。在找到正確的方向之前常常會犯錯，但累積的經驗越多，就愈能輕易解決這些錯誤。

多數情況下，錯誤訊息通常會留下我們犯錯的線索，仔細檢查 API 的錯誤回應，可以看到它發送的「message」（訊息）欄位帶有錯誤說明：「Daily Limit for Unauthenticated Use Exceeded. Continued use requires signup.」（超出未經身分驗證者的每日使用限制。要繼續使用，需要先有帳號）。

要修正此錯誤，需要使用 API 金鑰，這是一種向 API 表明使用者身分的方法，YouTube 和其他提供 API 的網站，都想知道有誰使用他們的 API，有時它們會要求你註冊身分憑據（credential），證明開發人員有使用 API 存取資料的權限，身分憑據類似於帳號／密碼，為了存取資料而通知 API 授權的範圍，社交平台藉此追蹤使用者，以防有人濫用 API。

取得 YouTube API 金鑰

對於 YouTube 之類的社交平台，通常可在該平台的網站取得身分憑據，現在請嘗試從 YouTube 取得憑據，為了要註冊 YouTube 開發者身分憑據，首先需要擁有 Google 帳號，若尚未成為 Google 會員，請到 https://www.google.com 完成註冊。取得 Google 會員身分後，登入 Google 並前進到 Google 為開發人員設置的頁面：

https://console.developers.google.com/apis/credentials

按照 Google 的說明導引建立開發者憑據及 API 金鑰。

> **NOTE** 在使用某些 API 時，可能會碰到 app 或 application 等術語，其實是指電腦應用程式或智慧型手機的應用程式，因為許多註冊憑據的開發人員是使用該 API 開發第三方程式，就我們而言，是使用 API 蒐集資料，但是仍需按一般應用程式開發人員的模式進行註冊。

經由此步驟，應該已建立通用的 API 金鑰，此金鑰的預設名稱為「API key」，但可以雙擊金鑰名稱來重新命名，筆者將申請到金鑰重新命名為「data gathering credentials」。

取得金鑰後，請前進「API Library」（中文 Google 翻譯成資料庫）頁面，Google 提供許多種類 API，需要為特定的 API 啟用存取權，請選擇「YouTube Data API v3」，並點擊啟用。現在，已經可以透過 API 金鑰存取 YouTube！

此金鑰會連結你的 Google 帳號，其行為與帳號／密碼非常相似，允許
程式存取此 Google API，所以應謹慎保管這份資料，就像保管帳號和密
碼一樣。曾經有開發人員將腳本發布到 GitHub 之類的共享平台而不慎
洩漏其身分憑據，讀者若重蹈覆轍，可能招致嚴重後果，例如，某人濫
用你的憑據而害你以後不能再存取此服務。

用你的憑據讀取 JSON 物件

現在已擁有身分憑據，再次使用 URL 呼叫 API，雖然每組 API 都不一
樣，但通常會要求將 API 金鑰直接輸入呼叫 API 的 URL 中，如果發
現 API 不是以這種方式提供金鑰，請查看說明文件，確認該在何處輸
入金鑰。對於 YouTube API，只要將金鑰換成參數，附加在原本的 API
URL 即可。請輸入下列 URL，將其中的 *<YOUTUBE_API_KEY>* 換成你
自己的 API 金鑰：https://www.googleapis.com/youtube/v3/search?ch
annelId=UCJFp8uSYCjXOMnkUyb3CQ3Q&part=snippet&key=*<YOUT
UBE_API_KEY>*。

現在應該會收到帶有資料的 API 回應了！清單 2-2 是筆者從瀏覽器呼叫
此 API 所得到的資料，由於 BuzzFeed 內容不斷變化，可能和讀者呼叫
API 得到的內容會有差異，但是資料結構應該是相同的。

```
{
 "kind": "youtube#searchListResponse",
 "etag": "\"XI7nbFXulYBIpLOayR_gDh3eu1k/WDIU6XWo6uKQ6aM2v7pYkRa4xxs\"",
 "nextPageToken": "CAUQAA",
 "regionCode": "US",
 "pageInfo": {
  "totalResults": 2498,
  "resultsPerPage": 5
 },
 "items": [
  {
   "kind": "youtube#searchResult",
   "etag": "\"XI7nbFXulYBIpLOayR_gDh3eu1k/wiczu7uNikHDvDfTYeIGvLJQbBg\"",
   "id": {
    "kind": "youtube#video",
    "videoId": "P-Kq9edwyDs"
   },
```

```
    "snippet": {
    "publishedAt": "2016-12-10T17:00:01.000Z",
    "channelId": "UCJFp8uSYCjXOMnkUyb3CQ3Q",
    "title": "Chocolate Crepe Cake",
    "description": "Customize & buy the Tasty Cookbook here: http://
bzfd.it/2fpfeu5 Here is what you'll need! MILLE CREPE CAKE Servings: 8
INGREDIENTS Crepes 6 ...",
    "thumbnails": {
     "default": {
      "url": "https://i.ytimg.com/vi/P-Kq9edwyDs/default.jpg",
      "width": 120,
      "height": 90
     },
     "medium": {
      "url": "https://i.ytimg.com/vi/P-Kq9edwyDs/mqdefault.jpg",
      "width": 320,
      "height": 180
     },
     "high": {
      "url": "https://i.ytimg.com/vi/P-Kq9edwyDs/hqdefault.jpg",
      "width": 480,
      "height": 360
     }
    },
    "channelTitle": "Tasty",
    "liveBroadcastContent": "none"
   }
  },
  {
   "kind": "youtube#searchResult",
   "etag": "\"XI7nbFXulYBIpLOayR_gDh3eu1k/Fe41OtBUjCV35t68y-E21BCpmsw\"",
   "id": {
    "kind": "youtube#video",
    "videoId": "_eOA-zawYEA"
   },
   "snippet": {
    "publishedAt": "2016-02-25T22:23:40.000Z",
    "channelId": "UCJFp8uSYCjXOMnkUyb3CQ3Q",
    "title": "Chicken Pot Pie (As Made By Wolfgang Puck)",
    "description": "Read more! - http://bzfd.it/1XPgzLN Recipe! 2 pounds
cooked boneless, skinless chicken, shredded Salt Freshly ground black pepper
4 tablespoons vegetable ...",
    "thumbnails": {
     "default": {
```

```
      "url": "https://i.ytimg.com/vi/_eOA-zawYEA/default.jpg",
      "width": 120,
      "height": 90
     },
     "medium": {
      "url": "https://i.ytimg.com/vi/_eOA-zawYEA/mqdefault.jpg",
      "width": 320,
      "height": 180
     },
     "high": {
      "url": "https://i.ytimg.com/vi/_eOA-zawYEA/hqdefault.jpg",
      "width": 480,
      "height": 360
     }
    },
    "channelTitle": "Tasty",
    "liveBroadcastContent": "none"
   }
  },
```

-- 以下內容省略 --

清單 2-2：YouTube API 回傳的資料範例

讀者應該注意到，API 回應的格式仍然是 JSON，乍看之下會覺得不易理解，如果將它們轉換成人類易讀的試算表格式，就會像圖 2-1 所示。仔細閱讀 API 回應的字串，可以看到此資料是 BuzzFeed Tasty YouTube 頻道中的五個影片的快照。

	A	B	C	D	E	F	G	H
1	kind	etag	id__kind	id__videoId	snippet__publishedAt	snippet__channelId	snippet__title	snippet__description
2	youtube#search Result	"XI7nbFXuIYBlp L0ayR_gDh3eu 1k/wiczu7uNikH DvDfTYeIGvLJ QbBg"	youtube#video	P-Kq9edwyDs	2016-12-10T17:00:01.0 00Z	UCJFp8uSYCjXOM nkUyb3CQ3Q	Chocolate Crepe Cake	Customize & buy the Tasty Cookbook here: http://bzfd.it/2fpfeu5 Here is what you'll need! MILLE CREPE CAKE Servings: 8 INGREDIENTS Crepes 6 ...
3	youtube#search Result	"XI7nbFXuIYBlp L0ayR_gDh3eu 1k/Fe41OtBUjC V35t68y-E21BC pmsw"	youtube#video	eOA-zawYEA	2016-02-25T22:23:40.0 00Z	UCJFp8uSYCjXOM nkUyb3CQ3Q	Chicken Pot Pie (As Made By Wolfgang Puck)	Read more! - http://bzfd.it/1XPgzLN Recipe! 2 pounds cooked boneless, skinless chicken, shredded Salt Freshly ground black pepper 4 tablespoons vegetable ...

圖 2-1：JSON 資料轉成試算表格式（截圖僅試算表的一部分）

乍看 JSON 格式的資料會覺得複雜，經由逐一拆解便能容易瞭解此資料結構。JSON 資料會保存在兩個大括號（{}）之間，每篇貼文都儲存為一個 JSON 物件，每個物件的資料點（欄位）則以鍵 - 值對 (key-value pair) 方式保存。例如，第一篇文章包含以下資料點：

"publishedAt"❶: "2016-12-10T17:00:01.000Z"❷

在冒號之前的字串稱為鍵名（key）❶，冒號之後的字串是與鍵名相關的資料值（value）❷，鍵名是資料的類型，可視為試算表的欄標題；資料值則為該欄的實際資料，它可能是字串、整數或浮點數。想瞭解每個資料點的格式，需要閱讀 API 文件，在此範例中，鍵名為「publishedAt」，根據 YouTube 的說明文件，此欄代表建立貼文或評論的日期時間，範例的資料值為「2016-12-10T17：00：01.000Z」，是一個世界協調時間（UTC）格式的時間戳記，這是一種將日期和時間儲存成字串的標準方式。

API 如何提供資料是由社交平台決定，也就是由 Google 決定資料的鍵名，例如，Google 決定將發布貼文的日期時間叫作「publishedAt」，而不是 date 或 published_on，這種用法只針對 Google 及其 API。

接下來看一下資料集裡的一個完整 JSON 物件（清單 2-3）。

```
{❶
        "publishedAt": "2016-12-10T17:00:01.000Z", ❷
        "channelId": "UCJFp8uSYCjXOMnkUyb3CQ3Q",
        "title": "Chocolate Crepe Cake",
        "description": "Customize & buy the Tasty Cookbook here: http://
bzfd.it/2fpfeu5 Here is what you'll need! MILLE CREPE CAKE Servings: 8
INGREDIENTS Crepes 6 ...",
-- 以下內容省略 --
}, ❸
```

清單 2-3：有關 YouTube 影片資訊的 JSON 片段，其標題為 Chocolate Crepe Cake

誠如所見，每個 YouTube 影片的資訊都儲存在一組大括號 ❶ 裡，
每個 JSON 物件之間用逗號分隔 ❸，在這些大括號內有四個鍵名
（publishedAt、channelId、title 及 description）及對應的資料值
（2016-12-10T17:00:01.000Z、UCJFp8uSYCjXOMnk Uyb3CQ3Q、
Chocolate Crepe Cake、Customize & buy the Tasty Cookbook here:
http://bzfd.it/2fpfeu5 Here is what you'll need! MILLE CREPE CAKE
Servings: 8 INGREDIENTS Crepes 6 ...），就像前面例子，這些資訊是
以成對方式顯示，每組鍵 - 值對以逗號 ❷ 分隔。

擴大視覺範圍，再次查看清單 2-2 的原始碼片段（清單 2-4）。

```
{
 "kind": "youtube#searchListResponse",
 "etag": "\"XI7nbFXulYBIpLOayR_gDh3eu1k/WDIU6XWo6uKQ6aM2v7pYkRa4xxs\"",
 "nextPageToken": "CAUQAA",
 "regionCode": "US",
 "pageInfo": {
  "totalResults": 2498,
  "resultsPerPage": 5
 },
 "items": [
  {
   "kind": "youtube#searchResult",
   "etag": "\"XI7nbFXulYBIpLOayR_gDh3eu1k/wiczu7uNikHDvDfTYeIGvLJQbBg\"",
   "id": {
    "kind": "youtube#video",
    "videoId": "P-Kq9edwyDs"
   },
   "snippet": {
    "publishedAt": "2016-12-10T17:00:01.000Z",
    "channelId": "UCJFp8uSYCjXOMnkUyb3CQ3Q",
    "title": "Chocolate Crepe Cake",
    "description": "Customize & buy the Tasty Cookbook here: http://
bzfd.it/2fpfeu5 Here is what you'll need! MILLE CREPE CAKE Servings: 8
INGREDIENTS Crepes 6 ...",
    "thumbnails": {
     "default": {
      "url": "https://i.ytimg.com/vi/P-Kq9edwyDs/default.jpg",
      "width": 120,
      "height": 90
     },
```

```
    "medium": {
     "url": "https://i.ytimg.com/vi/P-Kq9edwyDs/mqdefault.jpg",
     "width": 320,
     "height": 180
    },
    "high": {
     "url": "https://i.ytimg.com/vi/P-Kq9edwyDs/hqdefault.jpg",
     "width": 480,
     "height": 360
    }
   },
   "channelTitle": "Tasty",
   "liveBroadcastContent": "none"
  }
 },
 {
  "kind": "youtube#searchResult",
  "etag": "\"XI7nbFXulYBIpLOayR_gDh3eu1k/Fe41OtBUjCV35t68y-E21BCpmsw\"",
  "id": {
   "kind": "youtube#video",
   "videoId": "_eOA-zawYEA"
  },
  "snippet": {
   "publishedAt": "2016-02-25T22:23:40.000Z",
   "channelId": "UCJFp8uSYCjXOMnkUyb3CQ3Q",
   "title": "Chicken Pot Pie (As Made By Wolfgang Puck)",
   "description": "Read more! - http://bzfd.it/1XPgzLN Recipe! 2 pounds
cooked boneless, skinless chicken, shredded Salt Freshly ground black pepper
4 tablespoons vegetable ...",
   "thumbnails": {
    "default": {
     "url": "https://i.ytimg.com/vi/_eOA-zawYEA/default.jpg",
     "width": 120,
     "height": 90
    },
    "medium": {
     "url": "https://i.ytimg.com/vi/_eOA-zawYEA/mqdefault.jpg",
     "width": 320,
     "height": 180
    },
    "high": {
     "url": "https://i.ytimg.com/vi/_eOA-zawYEA/hqdefault.jpg",
     "width": 480,
     "height": 360
```

```
    }
  },
  "channelTitle": "Tasty",
  "liveBroadcastContent": "none"
  }
},
```

-- 以下內容省略 --

清單 2-4：重新檢視 YouTube API 回傳的資料範例

現在應該可以看到所有貼文都嵌套在一對中括號（[ ]）裡，請注意，清單 2-4 的內容被截斷了，從呼叫 API 所回傳的結果裡應該可以看到左、右中括號，但本書限於篇幅，只列出左中括號。這些資料的前頭是字串「items」及冒號（:），鍵名 items 代表一長串的資料點，本例中就是 BuzzFeed Tasty 頻道的 YouTube 影片，items 鍵 - 值對則儲存在另一個大括號（{}）之間，它構成了整個 JSON 物件。

現在已經知道如何藉由 API 請求資料，以及解讀回傳的 JSON 資料，接下來看看如何將回傳的資料調整成符合需求的格式。

使用資料回答研究議題

也許已注意到 API 回傳的資料相當少，如果沒有指定所需的資料類型，API 會假定我們只需要基本資訊，並只提供預設的資料點，例如，清單 2-5 是清單 2-2 的 API 回傳的其中一部影片之訊息。這並不表示我們僅能取得這些資料。

```
{
  "kind": "youtube#searchResult",
  "etag": "\"XI7nbFXulYBIpLOayR_gDh3eu1k/wiczu7uNikHDvDfTYeIGvLJQbBg\"",
  "id": {
   "kind": "youtube#video",
   "videoId": "P-Kq9edwyDs"
  },
  "snippet": {
   "publishedAt": "2016-12-10T17:00:01.000Z",
   "channelId": "UCJFp8uSYCjXOMnkUyb3CQ3Q",
   "title": "Chocolate Crepe Cake",
   "description": "Customize & buy the Tasty Cookbook here: http://
bzfd.it/2fpfeu5 Here is what you'll need! MILLE CREPE CAKE Servings: 8
INGREDIENTS Crepes 6 ...",
    "thumbnails": {
     "default": {
      "url": "https://i.ytimg.com/vi/P-Kq9edwyDs/default.jpg",
      "width": 120,
      "height": 90
     },
     "medium": {
      "url": "https://i.ytimg.com/vi/P-Kq9edwyDs/mqdefault.jpg",
      "width": 320,
      "height": 180
     },
     "high": {
      "url": "https://i.ytimg.com/vi/P-Kq9edwyDs/hqdefault.jpg",
      "width": 480,
      "height": 360
     }
    },
    "channelTitle": "Tasty",
    "liveBroadcastContent": "none"
```

```
    }
  },
```

清單 2-5：呼叫 API 所回傳結果的範例，其中僅包含影片的基本資訊

此資料項對應圖 2-2 的 BuzzFeed Tasty 頻道之影片。

圖 2-2：清單 2-5 所示影片的螢幕截圖

此影片在瀏覽器中所顯示的資料比這組 API 收到的還多，還有影片的觀看次數和評論數，這些額外訊息也可以經由 API 取得，但必須知道想要擷取哪一種類型的資料，以及這些資料可以回答什麼問題，具體而言，我們需要做兩件事，首先是設定研究目標，這可能是最重要卻鮮少被考慮的步驟之一，有明確的研究目標或假設，將有助於資料蒐集；其次是查閱 API 文件，確認可以取得研究所需的資料。

想體會上述說明，可以參閱 BuzzFeed 的新聞故事《Inside the Partisan Fight for Your News Feed》（https://buzzfeed.com/craigsilverman/inside-the-partisan-fight-for-your-news-feed），該專案由筆者及 Craig Silverman、Jane Lytvynenko、Jeremy Singer-Vine 等人，藉由臉書的 Graph API 從 452 個不同頁面收集 400 萬條貼文，面對數百萬個資料點，無法輕易地分析所有資料，始終無法找到任何有意義的模式或趨勢，讓我們不知如何是好，想要進行分析，必須先縮小資訊範圍。

由於越來越多的新聞機構依靠像臉書這類第三方媒體來吸引觀眾，所以，此專案深入研究這些機構（無論新舊）在臉書上的較量，我們決定依照追蹤者數量以及每頁獲得的參與度（反應和評論），分析左派和右派新聞受歡迎的程度，一旦將資料縮小為兩類，就能隨時間繪製如圖 2-3 的資訊走勢圖。

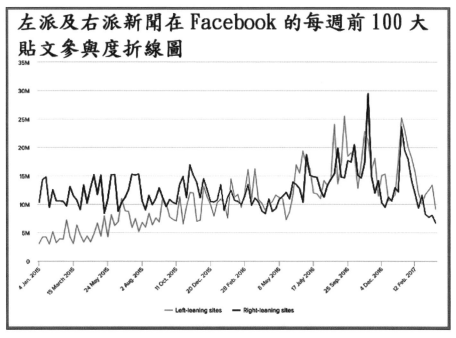

圖 2-3：顯示 BuzzFeed News 分析左派及右派新聞在臉書頁面參與度的圖表

可以看到隨著時間推移，左派新聞的臉書頁面參與度增加了。

為了找到問題的答案，不只是取得到資料，也要適當篩選，如果想研究 BuzzFeed Tasty 頻道內容隨著時間的受歡迎程度變化，首先要考量哪些類型的資料可以幫助我們回答問題，有多種方法可以衡量影片的受歡迎程度，例如觀看次數、喜歡或不喜歡及評論數量，我們須決定要採用哪種度量來源。

有時，社交平台的貼文畫面布局是提供如何回答研究議題的好方法，如圖 2-4，瞭解研究的資料，有助於分析 BuzzFeed Tasty 頻道的受歡迎程度。

圖 2-4：在對應到清單 2-5 資料的貼文截圖

理解 BuzzFeed 內容性質的最好方法可能是查看其影片屬性，像是每部影片的標題和說明，例如，可以使用觀看次數和喜歡或不喜歡的票數來衡量影片的受歡迎程度，另一個重點，可以利用影片時間戳記來判斷一段時間後，哪些內容比較受歡迎。

好的，要如何取得其中的資料呢？這需要閱讀 API 文件才能瞭解有哪些資料可用，像 Google 這種大公司會為 API 準備各種說明文件，我們關心的是 YouTube 的資料 API，該文件位於以下網址：

https://developers.google.com/youtube/

每個 API 文件的編寫風格不盡相同，使用前，需要先閱讀簡介或導覽。在介紹如何使用此文件之前，先複習一下 Google YouTube API 的一些基礎知識。

提升 API 回傳結果

有許多參數可以進一步縮小範圍或指定待收集的資訊類型，前進到 YouTube API 文件[1]，將畫面向下捲動至參數表（Parameters），該表左欄按名稱列出參數，右欄則提供參數說明和使用指南。查找資料時，請閱讀每個參數的說明，找出與欲取得的資料類型相匹配的參數，假設想將 API 的回傳結果縮小到僅涉及「cake」單字的影片，為了提升 API 的處理結果，使用參數 q（query 的縮寫）攜帶要搜尋的單字，也就是在瀏覽器輸入：https://www.googleapis.com/youtube/v3/search?channelId=UCJFp8uSYCjXOMnkUyb3CQ3Q&part=snippet&key=<*YOUR_API_KEY*>&q=cake。（記得將 <*YOUR_API_KEY*> 換成你自己的 Youtube API 金鑰）

這裡針對此 URL 稍作解說，前半部分與本章第一個 API 呼叫方式雷同，是使用 API 的 search（搜尋）功能，並經由參數 channelId 限制搜尋範圍為 BuzzFeed Tasty 頻道的影片，接下來和之前一樣指定 API 金鑰，後面再跟著輸入「&」字元，並增加參數「q」，在 q 之後使用等號（=）及指定 API 要搜尋的單字「cake」。把此呼叫 API 的 URL 輸入瀏覽器，應該得到一組 JSON 回應，該回傳文件只包含說明文字或標題帶有單字「cake」的影片。

很好！相信讀者現在已經瞭解如何使用參數來客製 API 資料請求了。

---

1. https://developers.google.com/youtube/v3/docs/search/list

本章小結

瞭解如何利用 API 存取特定資料是一項技術和觀念上的重要任務,雖然每個 API 都有自己的參數、限制和身分驗證程序,但筆者希望本章已為你提供有效使用各種 API 的基礎技巧。下一章將展示如何使用 Python 腳本存取和優化資料。

GETTING DATA WITH CODE

3

用程式讀取資料

到目前為止，已經介紹利用瀏覽器呼叫 API 來存取特定資料，接下來，將學習使用 Python 腳本呼叫 API，以及如何讀取、儲存資料，並將它們寫入檔案。

先前是在互動環境一列一列輸入 Python 程式並解譯，雖有助於立即知悉 Python 的執行結果，但朝著更複雜的 Python 使用方向發展時，需要做些調整，開始使用文字編輯器來撰寫 Python 腳本。

可以用電腦上已安裝的免費文字編輯器撰寫腳本，例如 Mac 上的 TextEdit 或 Windows 上的記事本（Notepad）。不過，最好使用專為開發人員設計的文字編輯器來撰寫和編輯程式，這類文字編輯器具有語法標示能力，可以用不同顏色區分程式碼，提高閱讀效率，筆者推薦一套名為 Atom 的文字編輯器，讀者可以到 *https://atom.io* 下載。

第一支腳本

現在可以撰寫腳本了！首先從組織檔案開始，找個容易記住的地方建一組名為 python_scripts 的資料夾，對於 Mac 和 Windows，筆者建議將它建立在「Documents」（文件）資料夾裡，然後在文字編輯器開啟空白文件（在 Atom 中，選擇「**File ▸New File**」）。

將此檔案以「youtube_script.py」名稱儲存（**File ▸Save As⋯**）到 python_scripts 資料夾，副檔名 .py 是告訴文字編輯器該檔案的內容為 Python 語言。

在為檔案命名時，建議使用小寫字母，並確保名稱可以表達腳本的實際功用，腳本檔名中不要使用空格，或者以數字開頭，如果檔名過長，可用底線或減號（不是空格）連接各個單字（如 youtube_script.py）。Python 是大小寫有別的，若對同一檔案以不同的大小寫或別字，可能導致執行錯誤及造成麻煩。

現在，請將以下程式碼輸入 youtube_script.py 並儲存：

```
print(" 這是我的第一支 Python 腳本！ ")
```

接下來開啟命令列界面（CLI），在第 1 章已使用該界面執行 Python 互動環境。CLI 可以逐列執行命令來瀏覽電腦裡的檔案、將檔案從某個資料夾移動到另一個資料夾、建立和刪除檔案，甚至存取網際網路，當然，CLI 也可以執行腳本。

執行腳本

就像在第 1 章一樣，使用 Mac 的終端機或 Windows 的命令提示字元開啟 CLI，為了執行腳本，需要切換到包含此腳本的目錄（資料夾）。在 Mac 上，執行 ls（代表 list）可以查看目前的磁碟路徑；Windows 則執行 dir（代表 directory）指令，執行這些命令時，CLI 會列出當前目錄中的檔案清單，如圖 3-1 所示。

現在，需要進到先前建立的 python_scripts 資料夾，對於習慣點擊圖示來開啟資料夾的人，一開始可能不習慣，要在 CLI 存取資料夾，需要指定檔案路徑，而不是點擊資料夾圖示，此路徑會帶領我們到欲使用的檔案所在之目錄，在 Mac 是用正斜線（/）分隔資料夾名稱，而 Windows 則使用反斜線（\）。例如，將 python_scripts 資料夾儲存 Mac 或 Windows 上 Documents 內，則不同環境的資料路徑分別為「Documents/python_scripts」和「C:\Documents\python_scripts」，若將此資料夾儲存在其他位置，則可以用 Finder（Mac）或檔案總管瀏覽檔案所在的資料夾，再從該視窗的路徑列複製資料夾路徑。

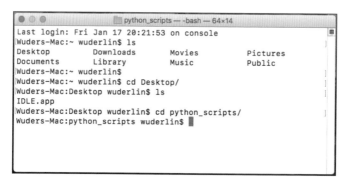

圖 3-1：當前目錄的檔案清單

為了從 CLI 跳到我們的資料夾，請使用 cd（代表 change directory）命令，後面跟著資料夾的路徑。例如，資料夾是儲存在 Mac 的 Documents 目錄底下，請執行下列命令：

```
cd Documents/python_scripts
```

對於 Windows，請執行：

```
cd C:\Documents\python_script
```

進入存有 Python 腳本的資料夾後，需要以另一個命令來執行該腳本。Mac 的 CLI 請輸入：

```
python3 youtube_script.py
```

對於 Windows，請輸入：

```
python youtube_script.py
```

在 Mac 上，python3 命令是指示 CLI 要執行以 Python（版本 3）撰寫的腳本，而 youtube_script.py 則是要執行的檔案名稱和副檔名。

腳本執行後，應該可在 CLI 看到下列內容：

```
這是我的第一支 Python 腳本！
```

此腳本是執行上一節所輸入的 print() 函式。現在已經瞭解腳本檔的運作方式，就來撰寫一支可以執行我們想要的操作之腳本。

規劃腳本功能

每支腳本都需要負責一系列任務，開始撰寫腳本時，應列出並說明這些任務，以協助整理開發思路，這種作法有時稱為撰寫虛擬程式（pseudocoding），最好用說明文字撰寫虛擬程式（pseudocode），它們純粹是供你或其他程式員閱讀的幾列腳本功能說明文字，而不是給電腦執行的程式碼。將虛擬程式視為稍後撰寫程式時，提醒自己每個程式區塊應負責事項的待辦清單（to-do list），這些文字也可以做為協助他人瞭解腳本功能的描述。

首先在腳本列出一個待辦清單，請在 youtube_script.py 用井號（#）及說明文字寫下註解，如清單 3-1 所示。

```
# 匯入（Import）所需的函式庫
# 開啟 URL 並讀取 API 的回應內容
# 從 JSON 資料中找出每個資料點（欄位），並將它輸出到試算表裡
```

清單 3-1：以虛擬程式撰寫腳本要執行的步驟

每個井號告訴 Python 在它之後的同一列文字都是註解，清單 3-1 有 3 列註解，撰寫腳本時，需要先匯入一些函式庫，它們是事先打包的程式檔；然後，像第 2 章介紹的那樣，開啟呼叫 API 的基底網址並讀取其回應內容；最後將回傳的資料儲存到試算表中，方便後續分析。

現在已經有程式大綱，知道想執行每個任務，可以為該任務加入真正的程式碼。

函式庫和 pip

在資料調查員養成的漫長而肯定成功的職涯中，並不必撰寫所有要用到的功能，正如先前所說的，Python 是開源性質，有許多開發人員為它撰寫大量可免費使用的函式，大多數（但非全部）程式人員依賴他人撰寫和發布的程式，這些程式稱為函式庫（或稱套件、模組），要利用 Python 處理更複雜的任務時，就需要安裝和使用函式庫。

函式庫可分成兩大類：

- **Python 標準函式庫**：隨 Python 一起發行的工具組中所包含的函式庫，在安裝 Python 時預設會一起安裝這些函式庫。

- **第三方函式庫**：只有另外將它們安裝到電腦後才能使用其函式。

首先，來介紹一些由 Python 開發人員編寫，隨 Python 自動安裝的函式庫，以下是我們將使用的常見函式庫：

csv 　用來讀寫 .csv 檔案，這些檔案可以用 Excel 或 Google 試算表開啟。CSV（以逗號分隔欄位）是一種常見的資料格式。

json 　能夠讀取 JSON 格式的資料。

datetime 　讓電腦能夠理解和轉換日期格式。

在使用函式庫之前，需要先將其匯入（import），像將電子書下載到平板電腦才能閱讀一樣。請使用 Python 的 import 關鍵字加上函式庫名稱（例如 csv）來載入。在互動環境中載入 csv 函式庫，請輸入下列內容。

```
import csv
```

要從廣大的 Python 社群選用 Python 函式庫還真有點棘手，可以在 PyPI（Python 套件索引；https://pypi.python.org/pypi）找到多數函式庫，讀者可以在該站台瀏覽其他人上傳供大眾使用的函式庫說明和程式碼。

取得這些函式庫的最簡單方法是利用 pip 工具，這是為幫助開發人員管理其他函式庫而開發，讀者可以照 https://pip.pypa.io/en/stable/installing/ 的說明安裝 pip。

安裝 pip 之後，就可以用它來安裝 PyPI 上的任何函式庫，要安裝函式庫，請在 CLI 裡輸入下列公式（請將 *LIBRARY_NAME* 換成 PyPI 上所列的函式庫名稱）：

```
pip install library_name
```

以下是本書用到的一些 PyPI 函式庫：

requests　透過 URL 開啟網站連線。

beautifulsoup4　輔助讀取網站的 HTML 和 CSS 程式碼。

pandas　可以解析數百萬筆資料，對其進行修改、執行數學運算，以及匯出分析結果。

為了本書接下來的練習，請在 CLI 逐列執行以下命令，並在每個命令之後按 Enter 鍵，以便安裝這些函式庫，在執行此項操作時，請確認已連線到網際網路：

```
pip install requests
pip install beautifulsoup4
pip install pandas
```

在本書的練習過程中，筆者將視情況介紹各個函式庫的用法。

現在已知道如何使用函式庫，接著要將它們部署至腳本中！回到我們的 Python 腳本 youtube_script.py，移到匯入所需函式庫的虛擬程式碼（註解文字）處，這裡將匯入前面提到 Python 預先安裝的 json 和 csv 函式庫，還會使用剛剛安裝的 requests 函式庫，此函式庫可開啟 URL 資源。請將清單 3-2 的程式碼輸入 youtube_script.py。

```
import csv
import json

import requests
-- 以下內容省略 --
```

清單 3-2：匯入腳本所需的函式庫

這裡使用關鍵字 import 來載入每個函式庫。真的，就是這麼簡單！現在請前進到待辦清單的下一個任務：開啟 URL 以便執行 API 呼叫。

建立呼叫 API 的 URL

為了呼叫 API，將使用剛剛匯入的 requests 函式庫，程式片段如清單 3-3 所示。

```
-- 前面內容省略 --
import requests

api_url = "https://www.googleapis.com/youtube/v3/search?part=
snippet&channelId=UCJFp8uSYCjXOMnkUyb3CQ3Q&key=YOUTUBE_APP_KEY" ❶

api_response = requests.get(api_url) ❷
videos = json.loads(api_response.text) ❸
```

清單 3-3：使用 requests 函式庫呼叫 API

首先要建立合適的 URL，這裡使用變數 api_url，並將類似第 2 章使用的 URL 字串指定給此變數 ❶，不過，這裡的 URL 移除了包含篩選影片的查詢參數「cake」，並將 snippet 參數移到 channelId 的前面，更細緻的處理方式將在「將須變動的值儲存到變數裡」小節介紹。現在已經設置好 URL，可以使用 requests 函式庫連線網際網路，進行 API 呼叫並接收回傳的資料。

要存取任何函式庫裡的函式，需要透過函式庫名稱（本例為 requests）來參照，然後，經由句點（.）串接函式名稱，這裡是使用 get() 函式，該函式以 URL 字串作為參數向網站發出請求。在 Python 呼叫某個函式庫裡的函式，就是輸入函式庫名稱，再跟著輸入句點，最後接上函式名稱，例如，get() 函式是 requests 函式庫的一部分，因此以「requests. get()」方式呼叫它。

將欲存取的 URL 字串儲存在 api_url 變數，因此，將此變數傳遞給 get() 函式，get() 函式會回傳 Response 物件，Response 物件提供許多接收回傳資料的選項，我們將此 API 的回傳結果儲存在 api_response ❷ 變數。

另一個重點是呼叫 json 函式庫裡的 loads() 函式 ❸，將 api_response 所取得一般文字轉換為 JSON 的鍵 - 值對格式。loads() 函式需要傳入文字型資料做為參數，但預設情況下，requests 函式庫會返回 HTTP 狀態代碼，那是一種數字型別的回應資訊，例如 200 代表網站正常執行、404 是找不到指定的資源，而我們需要處理文字型別的回應資料，或者在這裡是 JSON 格式的資料型態，因此，可以在 api_response 變數之後加上一個句點，連接「text」選項，整個結構看起來就像「json.loads(api_response.text)」❸，這樣就可以將呼叫 API 得到的回應轉換成 Python 腳本所需要的 JSON 鍵 - 值對類型，下一節還會介紹此列程式的細部功用。

可見到此腳本使用許多具有自我描述性質的變數，如此有助於腳本拆解及說明。

將資料儲存到試算表

很好，已經完成虛擬程式的第 1 條和第 2 條待辦事項，現已匯入函式庫並收到 API 的回應資料，是該前進到下一步了：將 JSON 資料轉存到試算表裡。為達此目的，這裡引用 csv 函式庫，但在此之前，先看看如何建立 .csv 檔案並寫入資料。請將清單 3-4 的程式碼加到 Python 腳本中。

```
-- 前面內容省略 --
videos = json.loads(api_response.text)

with open("youtube_videos.csv", "w") as csv_file:❶
    csv_writer = csv.writer(csv_file)❷
    csv_writer.writerow(["publishedAt",❸
                         "title",
                         "description",
                         "thumbnailurl"])
```

清單 3-4：建 .csv 檔案的資料標題

首先要使用 Python 內建的 open() 函式建立 .csv 檔案 ❶，依照傳給它的參數開啟現有檔案或建立新檔案，open() 函式有兩個字串型參數，參數之間用逗號分隔。第一個參數是新建或開啟的 .csv 檔名，此例為「youtube_videos_posts.csv」；第二個參數設定檔案的操作方式：「r」是讀取檔案內容；「w」是清除檔案中的舊資料（若有），再寫入新資料；「a」則將新資料附加到原有資料的後面。在這裡是要建立一支全新的檔案，雖然 open() 函式看起來好像只用在開檔，其實它會聰明地檢查是否存在指定名稱的檔案，若找不到該檔案，Python 就會建立新的 .csv 檔，接著要將開啟的檔案指定到變數，以便在程式裡引用該檔案。

讀者可能注意到，使用 open() 時，我們利用 with...as 將檔案指定給變數，而不是常見的等號（=），使用 with 開啟檔案後，一旦完成檔案操作，它會自動關閉檔案。with 敘述句的組成是以關鍵字 with 後跟 open() 函式，接著是 as 及變數（此處為 csv_file），腳本將透過此變數來操作已開啟的檔案，with 敘述句最後以冒號（:）結尾，就像讀者已

知道的其他類型命令，在冒號之後，Python 期待操作此檔案的其他程式
碼以內縮型式存在，Python 執行完內縮的程式碼之後，with 就會關閉
此檔案。

接下來用 csv 函式庫的 writer() 函式執行此 .csv 檔的寫入作業，此函式
可將資料寫入檔案 ❷，簡單起見，這裡只寫入一筆資料。writer() 函式
需要 .csv 檔案作為參數，因此將 csv_file 傳遞給它，並將開啟的寫入作
業儲存到 csv_writer 變數。最後，提供字串清單作為 writerow() 函式的
參數 ❸，藉由它將第一筆資料寫入 .csv 檔案，第一筆資料應該是此試算
表的標題，用來說明往後每筆資料的內容類型。

現在有了一支具備標題的試算表，可以從 API 回應中擷取資料並將寫
入 .csv 檔了！

為完成此任務，再次召喚值得信賴的老朋友，就是在第 1 章時初次見
到的 for 迴圈。眾所周知，JSON 在大括號（{}）裡包含各類資料點（欄
位），每個資料點均以鍵 - 值對表示，之前已使用 for 迴圈巡覽清單資
料，現在，也要使用這種方式巡覽每篇貼文的相關資料，並利用每個資
料點的鍵名來取得對應的資料值。

為此，首先看看 Python 如何處理 JSON 資料，回退到前面載入 JSON 的
那幾列程式，如清單 3-5 所示。

```
-- 前面內容省略 --
api_response = requests.get(api_url)
videos = json.loads(api_response.text)❶

-- 以下內容省略 --
```

清單 3-5：載入 JSON 資料

讀者可能還記得，迴圈需要一份巡覽清單，這裡有一份來自 YouTube 影
片的 JSON 物件清單，稍早腳本已經將這些貼文儲存在 videos 變數 ❶，
現在，可以選擇 videos 做為 for 的巡覽對象，但為了讀取所需的貼文，
還需要遍歷 JSON 物件結構並瞭解 load() 函式的功用。

將 JSON 轉換成字典型式

當 Python 使用 json.load() 函式載入 JSON 資料時，是將 JSON 資料轉換成 Python 的字典（dictionary）資料型別，它和清單型別相似，但並非只是儲存多個資料值，而是像 JSON 將資料儲存成鍵 - 值對！這裡舉個例子。

開啟 Python 互動環境式，輸入以下內容：

```
>>> cat_dictionary = {"cat_name": "Maru", "location": "Japan"}
```

這裡使用到 cat_dictionary 變數，然後以鍵名 cat_name、location 及它們個別對應的值來建立一組字典，在按下 ENTER 鍵後，互動環境會將此字典指定給 cat_dictionary 變數。目前為止，尚稱順利，但要如何存取每個資料項呢？

請記住，每個鍵名都有對應的資料值，因此，要存取以鍵名儲存的資料值，首先需要輸入字典變數的名稱，接著在中括號（[]）內以字串型別指定鍵名，例如要讀取儲存在鍵名「cat_name」裡的資料「Maru」，請輸：

```
>>> cat_dictionary["cat_name"]
'Maru'
```

現在，就使用腳本讀取儲存在變數中的 JSON 資料。

再回到腳本

每個網站都以鍵 - 值對型式處理 JSON 物件，但它們的鍵名或整個 JSON 結構並不見得一樣，清單 3-6 是第 2 章見到的 YouTube 的 JSON 組成方式。

```
  "items"❶: [
   {
    "kind": "youtube#searchResult",
    "etag": "\"XI7nbFXulYBIpLOayR_gDh3eu1k/wiczu7uNikHDvDfTYeIGvLJQbBg\"",
    "id": {
     "kind": "youtube#video",
     "videoId": "P-Kq9edwyDs"
    },
    "snippet": {
     "publishedAt": "2016-12-10T17:00:01.000Z",
     "channelId": "UCJFp8uSYCjXOMnkUyb3CQ3Q",
     "title": "Chocolate Crepe Cake",
     "description": "Customize & buy the Tasty Cookbook here: http://
bzfd.it/2fpfeu5 Here is what you'll need! MILLE CREPE CAKE Servings: 8
INGREDIENTS Crepes 6 ...",
      "thumbnails": {
       "default": {
        "url": "https://i.ytimg.com/vi/P-Kq9edwyDs/default.jpg",
        "width": 120,
        "height": 90
       },
       "medium": {
        "url": "https://i.ytimg.com/vi/P-Kq9edwyDs/mqdefault.jpg",
        "width": 320,
        "height": 180
       },
       "high": {
        "url": "https://i.ytimg.com/vi/P-Kq9edwyDs/hqdefault.jpg",
        "width": 480,
        "height": 360
       }
      },
      "channelTitle": "Tasty",
      "liveBroadcastContent": "none"
    }
   },
   {
    "kind": "youtube#searchResult",
    "etag": "\"XI7nbFXulYBIpLOayR_gDh3eu1k/Fe41OtBUjCV35t68y-E21BCpmsw\"",
    "id": {
     "kind": "youtube#video",
     "videoId": "_eOA-zawYEA"
    },
    "snippet": {
```

```
      "publishedAt": "2016-02-25T22:23:40.000Z",
      "channelId": "UCJFp8uSYCjXOMnkUyb3CQ3Q",
      "title": "Chicken Pot Pie (As Made By Wolfgang Puck)",
      "description": "Read more! - http://bzfd.it/1XPgzLN Recipe! 2 pounds
cooked boneless, skinless chicken, shredded Salt Freshly ground black pepper
4 tablespoons vegetable ...",
      "thumbnails": {
       "default": {
        "url": "https://i.ytimg.com/vi/_eOA-zawYEA/default.jpg",
        "width": 120,
        "height": 90
       },
       "medium": {
        "url": "https://i.ytimg.com/vi/_eOA-zawYEA/mqdefault.jpg",
        "width": 320,
        "height": 180
       },
       "high": {
        "url": "https://i.ytimg.com/vi/_eOA-zawYEA/hqdefault.jpg",
        "width": 480,
        "height": 360
       }
      },
      "channelTitle": "Tasty",
      "liveBroadcastContent": "none"
     }
    },
-- 以下內容省略 --
```

清單 3-6：YouTube 的 JSON 資料結構

YouTube 的所有影片資料均包含在「items」鍵名 ❶ 裡，要存取任何影片資訊，必須藉由中括號及引號選擇「items」才能瀏覽「items」鍵裡的內容（即 videos['items']），至於使用雙引號或單引號並無差別，在 Python 裡「"items"」與「'items'」是相同的。

請將清單 3-7 中的迴圈加到腳本中。

> **NOTE** 此程式碼片段以內縮型式呈現，因為它仍屬於清單 3-4 的 with open() 敘述句範圍。

```
-- 前面內容省略 --
    if videos.get("items") is not None:❶
        for video in videos.get("items"):❷
            video_data_row = [
                        video["snippet"]["publishedAt"],
                        video["snippet"]["title"],
                        video["snippet"]["description"],
                        video["snippet"]["thumbnails"]["default"]["url"]
                    ]❸
            csv_writer.writerow(video_data_row)❹
```

清單 3-7：利用 for 迴圈將資料寫入 .csv 檔案

首先利用 if 敘述句判斷在呼叫 API 後，確實有回傳影片項目時才進行
資料採集，如果呼叫 API 而沒有回傳任何以「items」為鍵名的 JSON 物
件，則 .get() 函式回傳「None」❶，這樣可避免因達到 YouTube 限制的
資料筆數而發生錯誤，造成腳本中途被停止執行。

在 if 敘述句內縮建立 for 迴圈，並使用 videos.get("items")❷ 存取貼文
資料，現在已建立迴圈，可以巡覽每部影片並將其資料點（欄位）儲存
成清單，一旦擁有資料點清單，就可以完整地寫入 .csv 檔案。每個資料
點都必須與之前用腳本建立的試算表之標題順序吻合，否則資料的結構
就不正確，所以，此清單須依影片的發布日期、影片名稱、影片介紹
和縮圖 URL 的順序組合而成。

由於每篇貼文被轉成 Python 的字典型別，因此，藉由鍵名取得每個資
料值（類似 video["snippet"]["publishedAt"]），然後將一筆資料紀錄放
入清單中 ❸，最後，就像之前撰寫試算表的標題一樣，使用 writerow()
函式 ❹ 將資料紀錄逐筆寫入試算表。執行此腳本時，for 都會對每一篇
貼文執行迴圈裡的程式碼。

執行腳本

完成的腳本如清單 3-8 所示。

```
import csv
import json

import requests

api_url = "https://www.googleapis.com/youtube/v3/search?part=
snippet&channelId=UCJFp8uSYCjXOMnkUyb3CQ3Q&key=YOUTUBE_APP_KEY"
api_response = requests.get(api_url)

with open("youtube_videos.csv", "w", encoding="utf-8") as csv_file:
    csv_writer = csv.writer(csv_file)
    csv_writer.writerow(["publishedAt",
                         "title",
                         "description",
                         "thumbnailurl"])
    if videos.get("items") is not None:
        for video in videos.get("items"):
            video_data_row  = [
                video["snippet"]["publishedAt"],
                video["snippet"]["title"],
                video["snippet"]["description"],
                video["snippet"]["thumbnails"]["default"]["url"]
                ]
            csv_writer.writerow(video_data_row)
```

清單 3-8：上面所介紹的功能之腳本程式碼

恭禧老爺！賀禧夫人，已經完成一支利用 API 蒐集資料的真實腳本。

已經備妥腳本，請先存檔，然後按照「執行腳本」小節介紹的方式執行它。腳本執行後，應該會在腳本相同目錄內找到一支名為 youtube_videos.csv 的檔案，利用試算表程式（如 MS Excel 或 Google 試算表）開啟此檔案，可發現它包含類似圖 3-2 所示的 YouTube 影片資料。

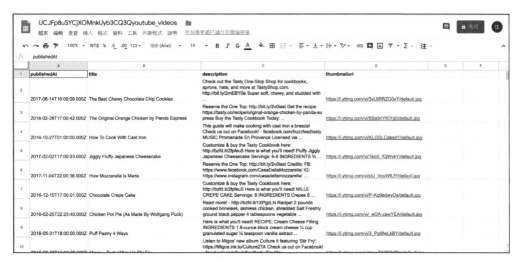

圖 3-2：用 Google 試算表開啟我們產生的試算表檔所呈現的樣子

雖然此腳本只能與 YouTube API 一起使用，但它已展現出撰寫其他平台的蒐集資料腳本所需之基礎概念：利用 *URL* 呼叫 *API*、讀取和存取 *JSON* 資料，再將它寫到 *.csv* 檔案。這是從 Web 開採資料一直反複使用的核心技法。

處理 API 分頁問題

到這裡已經介紹利用 API 蒐集資料的基本作業，但如果檢查剛剛建立的試算表，可能會注意到 .csv 檔案裡只有幾筆貼文資料。

無處不在的社交平台資料也迎來一些問題！要下載成千上百篇 YouTube 影片，可能會讓網站伺服器負荷過重，因此無法一次要求所有想要的資料。依據請求的資料點數量，過多資料甚至可能使頁面或伺服器崩壞，為了避免這種情況的發生，許多 API 提供者會內建降低資料採擷速度的方法。

YouTube 則利用分頁限制請求資料的速度，它將資料分拆成多個 JSON 物件，可以將它想像成包含成千上萬條資料的電話簿，它不是將所有資料放在同一張超長的紙張上，而是做成可以翻閱的多頁型式之書本。

本節實作將進一步探索 YouTube 的 JSON 物件，前面已經利用「items」鍵名挖掘到一部分資料，若更進一步檢視所取得的 JSON 物件，可發現清單 3-9 的分頁資訊的鍵名「pageInfo」。

```
{
 "kind": "youtube#searchListResponse",
 "etag": "\"XI7nbFXulYBIpLOayR_gDh3eu1k/WDIU6XWo6uKQ6aM2v7pYkRa4xxs\"",
 "nextPageToken": "CAUQAA",
 "regionCode": "US",
 "pageInfo": {
  "totalResults": 2498,
  "resultsPerPage": 5
 },
 "items": [
  {
   "kind": "youtube#searchResult",
   "etag": "\"XI7nbFXulYBIpLOayR_gDh3eu1k/wiczu7uNikHDvDfTYeIGvLJQbBg\"",
   "id": {
    "kind": "youtube#video",
    "videoId": "P-Kq9edwyDs"
   },
-- 以下內容省略 --
```

清單 3-9：JSON 物件中的分頁資料

當執行前面所撰寫的腳本，它只讀取第一頁「items」鍵名的資料，為了取得更多結果，需要換到下一頁。如清單 3-9 所示，此 API 的回應內容提示更多 JSON 資料，可利用「nextPageToken」鍵的資料及另兩組字典來讀取。

使用「nextPageToken」鍵所提供的符記來讀取下一頁的資料，但此值要如何使用？每個 API 處理分頁的方式皆不相同，需要查閱 YouTube 的 API 說明文件，這裡已經知道要跳到下一頁，需要在 API 的 URL 裡增加「pageToken」的新參數，並將「nextPageToken」鍵的內容指定給「pageToken」參數，修改後的腳本如清單 3-10 所示。

```
-- 前面的內容省略 --
    csv_writer.writerow(["publishedAt",
                         "title",
                         "description",
                         "thumbnailurl"])
    has_another_page = True❶
    while has_another_page:❷
        if videos.get("items") is not None:
            for video in videos.get("items"):
                video_data_row  = [
                    video["snippet"]["publishedAt"],
                    video["snippet"]["title"],
                    video["snippet"]["description"],
                    video["snippet"]["thumbnails"]["default"]["url"]
                    ]
                csv_writer.writerow(video_data_row)
        if "nextPageToken" in videos.keys():
            next_page_url = api_url + "&pageToken="+videos["nextPageToken"]❸
            next_page_posts = requests.get(next_page_url)
            videos = json.loads(next_page_posts.text)❹
        else:
            has_another_page = False❺
            print("已經沒有影片了！")
```

清單 3-10：修改腳本以便蒐集其他頁面的資料

首先，加入 has_another_page 變數，並將值設為 True ❶，此變數用來檢查是否還有下一個頁面資料可供讀取，許多開發人員也會在條件式中使用這種技巧，例如在第 1 章學到 if 條件式。while 敘述句 ❷ 是另一種迴圈型的條件式，它依靠邏輯條件（和 if 一樣）來決定是否執行它所擁有的程式碼，直到邏輯條件變成 False 才結束，這裡以 has_another_page 變數搭配 while 敘述句使用，直到資料串流的尾端，已經沒有額外資料頁時，將 has_another_page 切換為 False ❺。腳本的前幾列與清單 3-8 的內容相同，只是將它們嵌套到 while 迴圈裡，第一次進入 while 迴圈所蒐集到的資料就和之前一樣，取得第一頁資料的 JSON 物件。

在遍歷第一頁的 JSON 物件資料後，將檢查 JSON 物件是否存在「nextPageToken」鍵名，如果不存在，即表示已經沒有其他資料頁面可供讀取；如果「nextPageToken」鍵名確實存在，就將 videos["nextPageToken"] 的資料字串（清單 3-9 的 "nextPageToken": CAUQAA" 資料項）附加到「next_page_url」❸ 變數，利用更新後的 next_page_url 執行另一次 API 呼叫 ❹，並將回應結果儲存在 next_page_posts 變數中，在載完下一頁貼文後，回到迴圈的開頭逐一取出貼文資料。

該迴圈會一直執行到 JSON 輸出的末尾（即「電話簿」的結尾），一旦 API 不再有 videos["nextPageToken"] 的值，就知道已處理最後一頁資料，此時該將 False 指定給 has_another_page 變數 ❺，因而結束此 while 迴圈。

對於初學者來說，本節所學內容相對較多，就算需要重讀幾遍，也是很正常。主要觀念在於分頁處理方式，我們需要像開發人員一樣解決分頁存取問題，由於資料提供者限制每次呼叫 API URL 採集資料的數量，因此，須以程式方式「遍歷」每個所能存取的資料頁。

模板：讓程式碼可重複使用

截至目前已經完成所要的目的：取得想要的資料，且比原先的還要多！但先等等！現在，要進行額外步驟，清理程式碼使其可重複使用，換句話說，想要將程式碼編寫成可重複使用的模板（template）。

這意味著腳本不僅可重複使用，還能夠彈性地適應不同情境。要將腳本模板化，請先檢視每次執行腳本時，哪些部分需要動態變更。

身分憑據（如果想將程式碼提供給其他人使用）、欲存取的 YouTube 頻道及想採集的資料類型，這幾項可能需要動態變更，尤其在短時間內重複執行類似任務，或者嘗試研究大量資訊時，這種作法特別受用。

將須變動的值儲存到變數裡

讓程式碼更有彈性的方法之一，是在腳本開頭定義儲存參數的變數，將程式可變部分集中安排在一個易於管理的位置，完成每個變數定義後，便可以利用它們建立呼叫 API URL 的格式，有關此種方法的作業模式可參考清單 3-11。

```
-- 前面內容省略 --
import csv
import json

import requests

channel_id = "UCJFp8uSYCjXOMnkUyb3CQ3Q"❶
youtube_api_key = "XXXXXXX"❷

base = "https://www.googleapis.com/youtube/v3/search?"❸
fields = "&part=snippet&channelId="❹
api_key = "&key=" + youtube_api_key❺
api_url = base + fields + channel_id + api_key❻
api_response = requests.get(api_url)
posts = json.loads(api_response.text)

-- 以下內容省略 --
```

清單 3-11：建立腳本模板，以便重複使用

在程式碼的頂部定義兩個變數，一個是與我們感興趣的 YouTube 頻道相關之 channel_id 變數 ❶；另一個 youtube_api_key 變數則用來儲存 API 金鑰 ❷。另外還可以看到筆者將 API URL 拆解成幾個部分，首先將每次呼叫時都會使用的 API 基底網址儲存在 base 變數 ❸；接著將輸入 API 的欄位參數單獨處理，將它們儲存到 fields 變數 ❹；再來是將存有 YouTube API 金鑰的 youtube_api_key 變數串接到另一個字串，並儲存到 api_key 變數 ❺。

最後，將這些片段組合在一起，形成呼叫 API 的 URL 字串 ❻，當未來需要在 API 網址中加入其他參數，或使用不同的身分憑據呼叫，只需修改一部分程式碼即可完成程式修改。

將程式碼存成可重複使用的函式

另一種程式模板化的方法是將它包裝成函式，往後就可以一再呼叫函式而達到重複使用的目的，如清單 3-12 所示。

```
def make_csv(page_id):❶
    base = "https://www.googleapis.com/youtube/v3/search?"
    fields = "&part=snippet&channelId="
    api_key = "&key=" + youtube_api_key
    api_url = base + fields + page_id + api_key
    api_response = requests.get(api_url)
    videos = json.loads(api_response.text)
    with open("%syoutube_videos.csv" % page_id, "w") as csv_file:
        csv_writer = csv.writer(csv_file)
        csv_writer.writerow(["post_id",
                             "message",
                             "created_time",
                             "link",
                             "num_reactions"])
        has_another_page = True
        while has_another_page:
            if videos.get("items") is not None:
                for video in videos.get("items"):
                    video_data_row  = [
                    video["snippet"]["publishedAt"],
                    video["snippet"]["title"],
                    video["snippet"]["description"],
                    video["snippet"]["thumbnails"]["default"]["url"]
```

```
                ]
                csv_writer.writerow(video_data_row)
        if "nextPageToken" in videos.keys():
            next_page_url = api_url + "&pageToken="+videos["nextPageToken"]
            next_page_posts = requests.get(next_page_url)
            videos = json.loads(next_page_posts.text)
        else:
            print("no more videos!")
            has_another_page = False
```

清單 3-12：將程式碼包裝成 make_csv() 函式

這裡將程式包裝成可接受 page_id 參數的 make_csv() 函式，如同第 1
章所討論的，函式是部署一系列步驟的程式碼之方法，之後藉由呼叫
函式而重複執行這些程式碼。首先宣告 make_csv() 函式並指定使用的
參數 ❶，然後在函式宣告的下方以內縮型式輸入該函式的本體程式，讓
Python 知道哪些程式是此函式的一部分。完成 make_csv() 定義，就可
以透過函式名稱並在括號中傳遞參數來呼叫它。

最終可重複使用的腳本類似清單 3-13。

```
import csv
import json

import requests

channel_id = "UCJFp8uSYCjXOMnkUyb3CQ3Q"❶
channel_id2 = "UCpko_-a4wgz2u_DgDgd9fqA"❷
youtube_api_key = "XXXXXXX"

def make_csv(page_id):❸
    base = "https://www.googleapis.com/youtube/v3/search?"
    fields = "&part=snippet&channelId="
    api_key = "&key=" + youtube_api_key
    api_url = base + fields + page_id + api_key
    api_response = requests.get(api_url)
    videos = json.loads(api_response.text)
    with open("%syoutube_videos.csv" % page_id, "w") as csv_file:
        csv_writer = csv.writer(csv_file)
        csv_writer.writerow(["publishedAt",
                             "title",
```

```
                                    "description",
                                    "thumbnailurl"])
        has_another_page = True
        while has_another_page:
            if videos.get("items") is not None:
                for video in videos.get("items"):
                    video_data_row = [
                    video["snippet"]["publishedAt"],
                    video["snippet"]["title"],
                    video["snippet"]["description"],
                    video["snippet"]["thumbnails"]["default"]["url"]
                    ]
                    csv_writer.writerow(video_data_row)
            if "nextPageToken" in videos.keys():
                next_page_url = api_url + "&pageToken="+videos["nextPageToken"]
                next_page_posts = requests.get(next_page_url)
                videos = json.loads(next_page_posts.text)
            else:
                print("no more videos!")
                has_another_page = False
make_csv(channel_id)❹
make_csv(channel_id2)❺
```

清單 3-13：完整的腳本模板

此處使用變數 channel_id ❶ 和 channel_id2 ❷ 處理腳本中最有可能變更的部分，然後定義包含所需程式碼的 make_csv() 函式 ❸。現在可以呼叫 make_csv() 函式，並將 channel_id ❹ 和 channel_id2 ❺ 變數傳遞給它，這就是利用函式重複執行腳本內容！

有兩點需要注意，第一，YouTube 限制免費帳戶每天可以執行 API 呼叫的次數，稱為「速限」（rate limit），對於這種 API 呼叫限制，每個頻道只能取得數百支影片，如果一個頻道包含眾多影片（比免費帳戶一次可得的數量更多），可能需要使用不同的 API 金鑰從第二條管道讀取資料；第二，即時產生的內容可能包含不同種類的特殊字元（例如表情符號或不同語言的文字）或編碼（encode），某些版本的 Python 或許無法處理這些情況，可能會回傳 UnicodeEncodeError，表示 Python 遇到無法讀寫的內容。

Unicode (https://unicode.org/) 是一種國際規範，目的在為人類所書寫的字元（如字母、表情符號）指定唯一代碼，可以將其視為電腦字元的內碼對照表（lookup table）。

雖然筆者在 Mac 電腦執行腳本時未曾遇到此錯誤，但 Windows 電腦處理 API 取得的資料之編碼時，似乎曾經發生此問題，由於呼叫 API 時，會從指定平台回傳一些最新資料，如果遇到因 API 所取得的內容所造成之錯誤時，必須針對該特定內容尋找相關解決方案，為了能得到正確結果，替欲蒐集的資料指定編碼方式可能會有所幫助，清單 3-14 是酌作修改後的腳本，可避免一些特定類型的資料問題。

```
-- 前面內容省略 --

video_data_row  = [
    video["snippet"]["publishedAt"],
    video["snippet"]["title"].encode("utf-8")❶,
    video["snippet"]["description"].encode("utf-8")❷,
    video["snippet"]["thumbnails"]["default"]["url"].encode("utf-8")❸
]
```

清單 3-14：修改腳本以協助讀取正確的結果

在此處，將 .encode() 函式加到經由不同鍵名所取得的三個資料值之後：利用 video["snippet"]["title"] 所取得的影片名稱 ❶；由 video["snippet"]["description"] 所取得的影片介紹 ❷；以及經由 video["snippet"]["thumbnails"]["default"]["url"] 所取得的影片縮圖之鏈結 ❸。在 .encode() 函式的括號內，指定想用的編碼方式，讓資料能更方便處理，這裡使用一種通用的「utf-8」編碼方式（UTF 是指萬國碼轉換格式，而 8 表示用 8 bit 來編碼字元）。

請注意，雖然此方法可以解決一些編碼問題，但因每個錯誤都與要收集的內容相關，有時需要閱讀其他解決方案，讀者可以從以下網址找到實用資訊：

https://docs.python.org/3/howto/unicode.html

建立程式模板後，可以將它套用到任何想蒐集的 YouTube 頻道上，現在，可以把 make_csv() 應用在多頁面的情境或指定不同的 API 身分憑據，需動手部分就是修改 channel_id 和 channel_id2 變數或 youtube_api_key 變數的字串內容。

在粗糙地完成目標腳本後，對程式碼進行模板化是很棒的作法，可以精進程式品質、利用已完成的程式重複執行任務，或將腳本與其他人分享（我們也使用其他人的程式碼，是應該要懂得回饋！）

本章小結

本章介紹 API 的工作方式，以及如何以腳本呼叫 API 挖掘資料，API 是蒐集資料的必要工具，知道如何利用它們以及修改腳本，比腳本本身更重要，因為腳本功能很快就會落伍，社交平台提供資料的方式一直在變化，它們可能實施新的資料存取管制政策，例如臉書在 2015 年就關閉存取朋友資料的功能，或者社交平台改變使用者與 API 的互動方式，像 Instagram 在 2013 年停用照片串流存取。

要瞭解腳本的更多資訊，請參考以下網址，裡頭包含蒐集社交平台資料的腳本、使用說明，以及其他相關資源的連結。

https://github.com/lamthuyvo/socialmedia-data-scripts

下一章會說明如何從臉書擷取資料，並轉換成電腦可以理解的格式。

4

搜刮自己的臉書資料

社交平台正逐漸成為我們生活和記憶的數位倉庫，其伺服器保存我們過往的活動軌跡，讓我們能夠精確地記住重要事件，許多社交平台允許人們將這些歷史紀錄下載成資料檔或 HTML 網頁，紀錄內容可能來自個人的臉書時間軸貼文、朋友間的即時訊息或發布在推特的推文。

本章將學習使用 Python 開發自動化工具，從可供下載的臉書歷史紀錄搜刮資料，此搜刮工具會遍歷每個 HTML 元素、分離出我們想要的資訊、重組成資料列，再將每列資料寫到清單或試算表，類似第 3 章的 API 呼叫，但填寫試算表的方式略有不同，在寫入 .csv 檔案之前會先用字典型別（dictionary）建構資料，這是一種實用且被廣泛採行的資料處理方式，讓我們對上一章使用的 csv 函式庫有更深層瞭解。

資料源

從註冊帳號的那一天起，多數（就算不是全部）社交平台便開始儲存與你有關的資料，讀者可以向上捲動臉書和推特時間軸或 Instagram 貼文專區（feed）來查看資料。

雖然多數平台允許使用者下載個人資料副本，人們卻不見得清楚這些歷史資料（資料副本）的完整性，社交平台決定釋出資料的類型及數量，就像它們限制 API 可公開的資料一樣。況且，要釐清如何下載自己的歷史資料可能不簡單，細節可以隱藏在使用者設定的精美頁面裡，並不容易一眼分出端倪。

不同平台存取資料副本的方式各有所異，且資料的粒度或密度也極不一致，歐盟在 2018 年 5 月通過《一般資料保護規則》（GDPR），要求全球各地的公司必須保護用戶隱私，部分條文賦予這些公司更多管制資料的權力，雖然此規則讓歐盟底下的使用者大為受益，但諸多社交平台已經為使用者（不論是否歐盟所轄）提供下載和查閱自己資料的便捷途徑。

本章將僅處理社交平台可供下載的公開資料，讀者可學習有關網頁資料搜刮及儲存的技巧。採擷每個網站的資料，都會面臨獨特的挑戰，本章將研究如何從臉書擷取資料，臉書是全球最受歡迎的社交平台之一，提供多種可做為分析之用的資料格式，如果你沒有臉書帳號，可以從以下網址取得要搜刮的範例檔。

https://github.com/lamthuyvo/social-media-data-book

下載你的臉書資料

首先要下載資料。許多社交平台都有下載個人資料副本（archive）的說明文件，但這些文件可能藏在網站深處，要找到這些文件最快的方法就是透過搜尋引擎，利用「社交平台/程式語信 動作 目標」這條公式去搜尋。例如，要查找的臉書紀錄，可以搜尋「Facebook 下載 資料副本」或「Python scrape Facebook archive」。

請按照下列步驟下載個人的臉書資料副本：

1. 點擊臉書頁面右上方的向下箭頭，然後選擇「**設定**」。

2. 點擊左側邊欄上的「**您的 Facebook 資訊**」項。

3. 找到「**下載資訊**」條項後，點擊右方的「**查看**」。

4. 將會開啟新頁面，提供選擇欲下載選項，以用來建立所需的資料副本檔。保留預設選項即可（日期範圍：我的所有資料；格式：HTML；媒體畫質：中），直接點擊「**建立檔案**」鈕。

資料副本建立完成後，臉書會顯示通知訊息，此時可切換到「**可下載的副本**」頁，點擊欲下載的檔案鏈結，系統可能會要求輸入帳戶憑據（確認密碼）。

下載的資料副本檔應該是 ZIP 壓縮檔，請將此檔案放在本章專案相關的資料夾內，檔案解壓縮後會在「*facebook-* 你 的 帳號」資料夾內看到許多檔案和子資料夾。以筆者而言，解壓縮後的資料夾為「facebook-lamthuyvo」。

雙擊資料夾裡的 index.html，預設會由瀏覽器開啟該頁面，應可看到左邊有所下載的分類資訊（廣告、留言、朋友等）及簡要說明，右上角則是帳號，如圖 4-1 所示。

圖 4-1：臉書資料副本檔的頁面配置

與線上的臉書畫面相比，此檔案呈現更完整的內容，這裡可找到所有你曾經在臉書註冊過的電話號碼、標記你和朋友臉部識別的資料代碼以及過去三個月所點擊的廣告。從資料副本所呈現的頁面內容，應可體會臉書為你保存的歷史資料類型和線上活動資訊。

檢視資料及其原始碼

為了說明資料搜刮過程，先來看看過去三個月內所點擊的廣告。

操作步驟約略如下所示：

1. 檢視瀏覽器上的資料頁面。

2. 檢視此資料頁面的原始碼。

3. 指示搜刮程式從原始碼中擷取資料。

因此，先進入臉書資料副本的廣告資料夾（ads_and_businesses），開啟 advertisers_you've_interacted_with.html 離線網頁，裡面含有過去 90 天內點擊過的廣告標題和時間戳記。

查看過廣告資料後，該進到第二步了：檢視原始碼。這裡使用 Chrome 內建的開發人員工具（第 1 章已介紹過），先在瀏覽器所列清單的某筆廣告上點擊滑鼠右鍵，從下拉選單選擇「檢查」（不是檢視網頁原始碼），瀏覽器會開啟網頁檢視器，並標示剛剛用右鍵點擊的廣告之原始碼。圖 4-2 是 Chrome 的網頁檢視器呈現的範例。

圖 4-2：Chrome 的網頁檢視器範例

網頁是一種 HTML 檔案，它將資料包在 HTML 標籤裡，並利用 CSS 的 ID 和類別（class）名稱為其設置外觀風格，當頁面呈現重複性內容時，可能為每條資料套用相同模式的 HTML 標籤和 CSS 類別，例如精選的新聞貼文或資料副本中的廣告清單。為了收集這些包含在 HTML 標籤裡的資料，必須要能識別及理解這種編碼模式。

將網頁轉化成為可處理的資料

以臉書資料副本裡已點擊的廣告為例，每個廣告被包在 <div> 標籤內，此標籤的 class 屬性值為「_4t5n」和 role 屬性值為「main」，其 HTML 原始碼範例如清單 4-1 所示。

```
<div class="_4t5n" role="main">
<div class="pam _3-95 _2pi0 _2lej uiBoxWhite noborder">
    <div class="_3-96 _2pi0 _2lek _2lel"> 已點擊的廣告 </div>
    <div class="_3-96 _2let"> 連過講求真實證據，圖片見真章，只耽誤您 3 分鐘時
間。</div>
</div>
    <div class="_3-94 _2lem">2020 年 1 月 29 日 上午 9:54</div>
<div class="pam _3-95 _2pi0 _2lej uiBoxWhite noborder">
    <div class="_3-96 _2pi0 _2lek _2lel"> 已點擊的廣告 </div>
    <div class="_3-96 _2let">Wix</div>
    <div class="_3-94 _2lem">2020 年 1 月 29 日 上午 9:53</div>
</div>
<div class="pam _3-95 _2pi0 _2lej uiBoxWhite noborder">
    <div class="_3-96 _2pi0 _2lek _2lel"> 已點擊的廣告 </div>
    <div class="_3-96 _2let"> 免費下載 >>【網路成交核心藍圖】讓你精確掌握網路
成交的核心關鍵！</div>
    <div class="_3-94 _2lem">2020 年 1 月 29 日 上午 9:51</div>
</div>

-- 部分內容省略 --
</div>
```

清單 4-1：臉書廣告的原始碼範例

清單 4-1 包含帶有 _3-96 及 _2let 類別的 <div> 標籤（注意，class 屬性
用引號括起來的多個類別要用空格分隔），此 <div> 標籤包含使用者點
擊過的臉書廣告之標題，而下一個帶有 _3-94 及 _2lem 類別的 <div> 標
籤則包含使用者點擊廣告的時間戳記。

如果利用此 HTML 內容建立試算表，可能長成圖 4-3 的樣子。

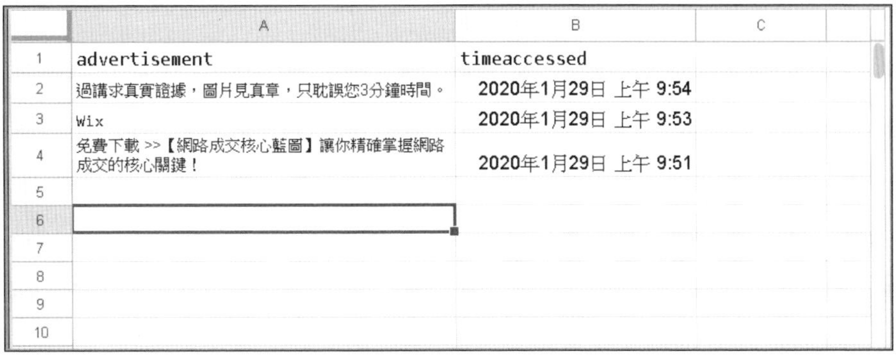

	A	B	C
1	advertisement	timeaccessed	
2	過請求真實證據，圖片見真章，只耽誤您3分鐘時間。	2020年1月29日 上午 9:54	
3	Wix	2020年1月29日 上午 9:53	
4	免費下載 >>【網路成交核心藍圖】讓你精確掌握網路成交的核心關鍵！	2020年1月29日 上午 9:51	
5			
6			
7			
8			
9			
10			

圖 4-3：在擷取資料後，所建立的試算表範例

這裡使用 advertisement 和 timeaccessed 兩個欄標題來分類資料及建立紀錄結構，有很多方式可以分類資料及安排紀錄，可以僅選擇廣告標題，或將時間戳記分成日期及時間欄。資料蒐集是一種創意過程，依照專案目的及欲處理的資料採行合適方案。

圖 4-3 是直接從網頁手動複製 - 貼上資料來建立試算表，雖然可以用這種方法來搜刮網頁資料，但可想像勢必耗費大量時間及精力，要搜刮網頁資料，應該採用自動化方式處理，因此，下一節將使用 Python 建立自動搜刮工具。

自動搜刮

雖然搜刮工具是一支腳本，但可以將它視為一個可執行重複性任務的小機器人，就像第 3 章使用的腳本一樣，搜刮腳本會採集資料並存入試算表，差別是它從 HTML 頁面分離資料，而不是從 API 的回應結果讀取。

與 JSON 不同，處理 HTML 資料有點麻煩，它的構造並不適合資料處理，事先擬定計畫將有助於識別網頁的哪些部分可以組成資料。比照撰寫呼叫 API 的腳本，先以虛擬程式形式寫下任務步驟的待辦清單文字，如清單 4-2 所示。

```
# 匯入（Import）所需的函式庫
# 開啟我們的頁面
# 搜刮廣告的所有資訊
# 將所有廣告資料放入清單中
# 建立 csv 檔案
# 將每一筆資料寫入 csv 檔案
```

清單 4-2：腳本的撰寫計畫

接下來，如清單 4-3 所示，匯入所需的函式庫。

```
# 匯入（Import）所需的函式庫
import csv

from bs4 import BeautifulSoup
```

清單 4-3：匯入所需的函式庫

於此腳本需要兩個函式庫：一支是 Python 內建的 csv；另一支由獨立開發人員所撰寫，供其他 Python 程式員使用的 Beautiful Soup，搜刮工具可以利用 Beautiful Soup 讀取和解析 HTML 和 CSS。

由於 Beautiful Soup 不是 Python 內建的函式庫，必須先安裝才能使用，在第 1 章已介紹函式庫的安裝方式，讀者可以執行「pip install beautifulsoup4」安裝此函式庫，beautifulsoup4 是 Beautiful Soup 的第四版，是撰寫本文時的最新版本，安裝任何函式庫之後，想要瞭解它的功能及用法，最好就是閱讀它的說明文件。有關 Beautiful Soup 的文件可參閱：

https://www.crummy.com/software/BeautifulSoup/bs4/doc/

現在，完成 Beautiful Soup 安裝，匯入後就可以使用它了，通常 Python 不懂什麼是標籤（tag），因此開啟 HTML 頁面只會得到如下所示的一長串字元和空格：

```
<div class="pam _3-95 _2pi0 _2lej uiBoxWhite noborder">
    <div class="_3-96 _2pio _2lek _2lel">點擊的廣告 </div>
    <div class="_3-96 _2let"> 連過講求真實證據，圖片見真章，只耽誤您 3 分鐘時
間。</div>
    <div class="_3-94 _2lem">2020 年 1 月 29 日 上午 9:54</div>
</div>
```

利用 Beautiful Soup 讀入 HTML 和 CSS 原始碼，從中萃取有用的資料，並將它轉換成 Python 可以使用的物件，這個過程叫作網頁剖析（parsing），Beautiful Soup 就像透視鏡，讓搜刮工具可以看穿 HTML 語言，並專注於我們感興趣的內容（如下列原始碼中的粗體字）：

```
<div class="pam _3-95 _2pi0 _2lej uiBoxWhite noborder">
    <div class="_3-96 _2pio _2lek _2lel">已點擊的廣告 </div>
    <div class="_3-96 _2let">連過講求真實證據，圖片見真章，只耽誤您 3 分鐘時
間。</div>
    <div class="_3-94 _2lem">2020 年 1 月 29 日 上午 9:54</div>
</div>
```

利用 Beautiful Soup 將 HTML 原始碼轉換成具有廣告標題及日期時間的資料清單，首先在存有資料副本的相同資料夾內建立一支名為 ad_scraper.py 的腳本檔，按照清單 4-4 的內容設置程式的基本架構。

```
import csv

from bs4 import BeautifulSoup

# 為資料建立一組空的清單
❶ rows = []
# 指定資料夾名稱（使用 foldername 變數）
❷ foldername = "facebook-lamthuyvo"
# 開啟資訊來源
with open("%s/ads/advertisers_you've_interacted_with.html" % ❸foldername)
as ❹page:
    soup = ❺BeautifulSoup(page, "html.parser")
```

清單 4-4：建立一組空的清單，並開啟資料檔

首先建立 rows 變數 ❶ 用來承接資料，接著建立 foldername 變數 ❷，並為它指定資料檔所在的資料夾名稱，以後想擷取他人的檔案時，就可以輕易修改腳本的存取對象 ❸。再來開啟 HTML 檔案，將它的內容儲存到 page 變數 ❹，最後，將 page 傳遞給 BeautifulSoup() 函式 ❺，它會將 HTML 解析成元素清單；具體來說，它將網頁轉換為 Beautiful Soup 物件。此函式庫可以處理 HTML 和其他內容，傳入 BeautifulSoup() 的第二個參數「"html.parser"」表示要處理的 page 是 HTML 格式。

分析 HTML 原始碼以識別資料模式

前面已說過，每條廣告標題是包含在擁有 _3-96 和 _2let 類別的 <div> 標籤內，與廣告相關的時間戳記則置於擁有 _3-94 和 _2lem 類別的 <div> 標籤裡。

讀者可能注意到清單 4-1 中，某些類別（如 _3-96）用在其他 <div> 標籤，例如包含「點擊的廣告」副標題的 <div> 標籤。由於類別可以用來重複設定 <div> 元素的樣式，因此需要透過 CSS 類別和 HTML 標籤，才能分辨想要擷取的資訊類型，也就是要能夠指示腳本僅從包含所點擊的廣告之 <div> 標籤中擷取內容，如果只告訴腳本從 <div> 擷取資料，但不指定標籤所擁有的類別，最終將得到許多無關緊要的訊息，因為整個頁面的資料都使用 <div> 標籤排版。

擷取必要元素

為了只擷取想要的內容，需要加入一些程式碼，以選取所有廣告標題及時間戳記之外層 <div> 標籤，然後，進入此外層 <div> 標籤裡，逐條搜尋每個 <div> 標籤，以便蒐集每條廣告的有關資料。

清單 4-5 是完成後的腳本程式碼。

```
import csv

from bs4 import BeautifulSoup
-- 部分內容省略 --
    soup = BeautifulSoup(page, "html.parser")
    # 利用 _4t5n 類別，擷取頁面上與我們相關的內容
    contents = soup.find("div", ❶class_="_4t5n")
    # 利用 uiBoxWhite 類別將廣告清單分離出來
  ❷ad_list = contents.find_all( "div" , class_="uiBoxWhite")
```

清單 4-5：使用 Beautiful Soup 選取特定的 <div> 內容

透過 _4t5n 類別尋找特定的 <div> 標籤 ❶，從清單 4-1 可知，此 <div> 標籤包含所有我們想擷取的廣告資料清單之 <div> 標籤，這裡將 find() 函式套用到 soup 物件來搜尋該標籤，並將此函式的搜尋結果指定給（用等號）contents 變數。

要找出帶有特定類別的 <div> 標籤，find() 函式需要兩個參數，第一個參數是要搜尋的 HTML 標籤，這裡是要找 <div>，所以傳入「div」字串（請確認有引號括住 div）。

如果只使用一組參數執行 soup.find（"div"），將無法得到正確的 <div> 標籤內容，搜刮工具反而會搜尋整個 HTML 檔案中的 <div> 標籤，但最後只回傳最後一組 <div> 標籤。

NOTE find() 函式會遍歷整個原始碼，搜尋保存在 soup 變數裡的所有 <div> 標籤，然而，因 find() 只回傳一個 <div> 標籤，故僅保留最後一個被找到的標籤，而不是所有符合條件的標籤。

不僅要找到 <div> 標籤，而且此標籤還須擁有 _4t5n 類別，因此，必須將第二個參數「class_="_4t5n"」❶ 傳遞給 find() 函式。指定 <div> 標籤所擁有的類別，有助於取得感興趣的 <div> 標籤。

一旦找到包含所有廣告 <div> 的外層 <div>，將它儲存到 contents 變數，就可以從 contents 中逐一選取含有廣告資料的 <div> 標籤，並以清單型別儲存。為達此目的，在 contents 物件上使用 find_all() 函式取得擁有 uiBoxWhite 類別的全部 <div>，此函式會將執行結果以清單型別回傳，並儲存到 ad_list 變數 ❷。

萃取內容

取得廣告清單後，還需要從清單中找出每條廣告標題和時間戳記，為此，將以 for 迴圈遍歷 ad_list 裡的每一組 <div> 標籤，並萃取其內容。清單 4-6 是此功能的 Python 程式碼。

```
-- 前面內容省略 --
    ad_list = contents.find_all("div", class_="uiBoxWhite")
❶ for item in ad_list:
      ❷ advert = item.find("div", class_="_2let").get_text()
      ❸ timeaccessed = item.find("div", class_="_2lem").get_text()
```

清單 4-6：萃取 HTML 的 <div> 標籤之內容

首先撰寫 for 迴圈敘述句 ❶，「for item in ad_list：」這一列表示要從清單中逐一取出待處理的項目，而目前取出的項目則儲存在 item 變數中，接著執行 for 迴圈區塊裡的各程式列，在這裡，item 保存一筆擁有 uiBoxWhite 類別的 <div> 標籤。

然後，從帶有 _2let 類別的 <div> 標籤刮下其內容，並保存到 advert 變數 ❷，請注意，這裡不單單使用 find() 函式，還在 find() 後面串接 get_text() 函式。Python 和 Beautiful Soup 等函式庫允許在一個函式尾端呼叫另一個函式，藉以修改函式的執行結果，這種語法叫作函式串鏈或方法串鏈（Chaining）。

在這裡，find() 函式可以取得如下的 <div> 標籤：

<div class="_3-96 _2let"> 連過講求真實證據，圖片見真章，只耽誤您 3 分鐘時間。
</div>

當套用 get_text() 函式後則可以刮取 <div> 標籤裡的文字：

連過講求真實證據，圖片見真章，只耽誤您 3 分鐘時間。

利用同樣方式，從帶有 _2lem 類別的 `<div>` 標籤萃取時間戳記 ❸。

哎呀！搜刮工具已經做了太多工作！再重新檢視 HTML 原始碼，看看搜刮工具剛剛所解析的訊息：

---

❶ `<div class="_4t5n" role="main">`
❷ `<div class="pam _3-95 _2pi0 _2lej uiBoxWhite noborder">`
    `<div class="_3-96 _2pio _2lek _2el">` 已點擊的廣告 `</div>`
  ❸ `<div class="_3-96 _2let">` 連過講求真實證據，圖片見真章，只耽誤您 3 分鐘時間。`</div>`
  ❹ `<div class="_3-94 _2lem">`2020 年 1 月 29 日 上午 9:54`</div>`
`</div>`
`<div class="pam _3-95 _2pi0 _2lej uiBoxWhite noborder">`
    `<div class="_3-96 _2pio _2lek _2el">` 已點擊的廣告 `</div>`
    `<div class="_3-96 _2let">`Wix`</div>`
    `<div class="_3-94 _2lem">`2020 年 1 月 29 日 上午 9:53`</div>`
`</div>`
`<div class="pam _3-95 _2pi0 _2lej uiBoxWhite noborder">`
    `<div class="_3-96 _2pio _2lek _2el">` 已點擊的廣告 `</div>`
    `<div class="_3-96 _2let">` 免費下載 >>【網路成交核心藍圖】讓你精確掌握網路成交的核心關鍵！`</div>`
    `<div class="_3-94 _2lem">`Jul 11, 2018 5:25pm 2020 年 1 月 29 日 上午 9:51`</div>`
`</div>`

-- 部分內容省略 --
`</div>`

回想一下，搜刮工具先找到包含所有廣告的 `<div>` 標籤 ❶，接著將每條廣告轉換成清單型別 ❷，然後遍歷清單中的每條廣告，從每個 `<div>` 標籤萃取廣告標題 ❸ 和時間戳記 ❹。

將資料寫入試算表

現在已經可以使用搜刮工具來採集所需的資訊，但還沒有告訴這部小機器人如何處理這些資訊。這時候該輪到 .csv 檔案上場，是該通知搜刮工具將其讀取的資訊轉成人類易於閱讀的試算表了。

建立清單列

就像前面使用 API 所撰寫的腳本一樣，需要指示腳本將每列資料寫入試算表，但這一次是借用 Python 的字典型別（dictionary），字典型別是一種以鍵 - 值對方式保存資料清單的資料結構，可以將資料點指定給某個資料類型（鍵），這種鍵：值對應的方式與 JSON 物件很相似。

這裡舉個簡單字典形式：

```
row = {
    "key_1": "value_1",
    "key_2": "value_2"
    }
```

此範例中，利用大括號（{}）定義一個字典變數：row。字典中的資料要放在這對大括號裡，為了方便閱讀，上例中加了一些換列和空格，但它們是可以省略的。

在字典裡是以鍵 - 值對方式保存資料，此例有兩個鍵名「key_1」和「key_2」，每個鍵名分別對應「value_2」及「value_2」值，每組鍵 - 值對之間用逗號（,）分隔，形成兩組配對的清單。可以將鍵名「key_1」想成試算表的欄標題；而「value_1」則為該欄的其中一個儲存格之內容，若覺得這個結構眼熟，一點也不意外，JSON 也是以這種結構保存資料，某方面，可以將 Python 字典視為建構 JSON 格式的資料藍圖。

再回到我們的範例，為資料建立一組字典，以便將它附加到 .csv 檔，程式碼如清單 4-7 所示。

```
-- 前面內容省略 --
for item in ad_list:
    advert = item.find("div", class_="_2let").get_text()
    timeaccessed = item.find("div", class_="_2lem").get_text()
  ❶ row = {
    ❷ "advert": ❸advert,
    ❷ "timeaccessed": ❸timeaccessed
        }
  ❹ rows.append(row)
```

清單 4-7：將資料轉成字典格式

字串型別的鍵名「advert」和「timeaccessed」❷ 代表要蒐集的資料類型，等同試算表的欄標題。每個鍵名都與一個變數配對，「advert」鍵與 advert 變數搭配使用，而「timeaccessed」鍵 ❷ 則與 timeaccessed 變數 ❸ 搭配使用。回想一下，早先利用這些變數暫時保存 Beautiful Soup 從每個 HTML 元素萃取出來的文字，現在要將此字典儲存到 row 變數 ❶。

得到 row 以後，需要將它與別的資料列集合在一起，也就是儲存到腳本前頭定義的 rows 變數裡，在 for 迴圈的迭代過程，會利用 append() 函式將另一列資料附加到 rows 裡 ❹，如此便能夠從清單的每個項目取得最新的值，並為這些值賦予適當的鍵名，再將此鍵 - 值對附加到 rows 變數，每次迴圈的迭代過程可以累積一筆新的資料列，確保能夠萃取每條廣告的資料，並用這些資料填充 rows 字典，這樣一來，下一步便能將資料寫入 .csv 檔。

寫入 .csv 檔

最後開啟一支 .csv 檔案，並將每一列資料寫入其中。如前所述，此過程與第 3 章所學略有不同，此處不使用 csv 函式庫提供的簡易 writer() 函式，而是改用 DictWriter() 函式，此函式知道如何處理字典資料，可避免因粗心造成程式錯誤，例如不慎調換兩欄位的值。

清單 4-8 是建立 .csv 檔案的程式碼。

```
-- 前面內容省略 --
❶ with open("../output/%s-all-advertisers.csv" % foldername, "w+") as csvfile
:
    ❷ fieldnames = ["advert", "timeaccessed"]
       writer = csv.DictWriter(csvfile, fieldnames=fieldnames) ❸
       writer.writeheader() ❹
       for row in rows: ❺
           writer.writerow(row) ❻
```

清單 4-8：將資料轉入 .csv 檔案

首先，使用「facebook-<*lamthuyvo*>-all-advertisers.csv」字串建立並開啟
一支 .csv 檔 ❶（參考清單 4-4 的 foldername 變數，*lamthuyvo* 是作者的
帳號，請換成你自己的臉書帳號），此字串是由 foldername 變數和存
放 .csv 檔案的資料夾路徑串接而成。開啟 .csv 檔案並將它指向 csvfile 檔
案變數，接著建立儲存字串清單的 fieldnames 變數 ❷，此字串清單是
對應到清單 4-7 所定義的字典型別之鍵名，這很重要，因為之後會使用
DictWriter() 函式 ❸ 指示 Python，依照 fieldnames 所包含的鍵名將資
料字典的內容寫入檔案，DictWriter() 函式需要 fieldnamesa 作為參數，
才能知道 .csv 檔案的欄標題是什麼，以及要存取資料列的哪幾部分，換
句話說，列在 fieldnames 變數的欄位名稱，代表資料中的哪一部分要由
DictWriter() 函式寫入 .csv 檔案。

再來使用 writeheader() 函式 ❹ 在 .csv 檔案寫入第一列文字，即每一欄
的標題。由於 writer 已經從上一列程式得知欄標題，所以不必再指定任
何內容，現在 .csv 檔案的內容應該如下所示：

```
advert,metadata
```

剩下的就是利用 for 迴圈遍歷 rows ❺，將資料逐筆寫入試算表 ❻。

最後，將前面完成的程式碼組合起來，完成的腳本應類似於清單 4-9。

```
import csv

from bs4 import BeautifulSoup

rows = []
foldername = "facebook-lamthuyvo"

with open("%s/ads/advertisers_you've_interacted_with.html" % foldername) as
page:
    soup = BeautifulSoup(page,  "html.parser")
    contents = soup.find("div", class_="_4t5n")
    ad_list = contents.find_all( "div" , class_="uiBoxWhite")

    for item in ad_list:
        advert = item.find("div", class_="_2let").get_text()
        metadata = item.find("div", class_="_2lem").get_text()
        row = { "advert": advert,
                "metadata": metadata
              }
        rows.append(row)

with open("%s-all-advertisers.csv" % foldername, "w+") as csvfile:
    fieldnames = ["advert", "metadata"]
    writer = csv.DictWriter(csvfile, fieldnames=fieldnames)
    writer.writeheader()

    for row in rows:
        writer.writerow(row)
```

清單 4-9：完成後的資料搜刮腳本

一切就緒，現在就來試試！

執行腳本

本章開始就提到將 ad_scraper.py 腳本儲存到臉書資料副本檔的相同資料夾裡。現在可以像執行其他 Python 腳本一樣執行這支腳本，先在主控台（終端機或命令提示字元）裡將路徑切換到該資料夾。然後，使用 Mac 電腦的讀者請執行：

```
python3 ad_scraper.py
```

使用 Windows 電腦者改執行：

```
python ad_scraper.py
```

執行此腳本之後，搜刮工具應會遍歷過去 90 天你曾點擊過的每條廣告，會看到一支檔名以「-all-advertisers.csv」結尾的檔案，該檔案包含資料副本裡的 advertisers_you've_interacted_with.html 網頁之每條廣告標題和時間戳記，這些資料有助於瞭解你在臉書上的行為，例如在哪些日子或月份點擊了什麼廣告，或者，哪些廣告被多次點擊。

本章展示一支簡單的網頁資料搜刮腳本，處理下載回來的離線頁面，不是直接從網際網路開啟，而且從離線頁面搜刮的資料量也不大。

搜刮資料副本之類的簡單 HTML 頁面，很適合用來說明擷取網頁資料的基本原理，希望本章的練習能有助於讀者邁向搜刮更複雜網站的層級，無論是直接搜刮線上善變的網頁，或者擁有複雜結構的 HTML 頁面。

本章小結

本章說明如何檢視臉書的資料副本中之 HTML 頁面,並找出網頁原始碼的布置模式,布置模式就是讓使用者可以看到網頁資料的排版結構。同時也提到:

- 如何使用 Beautiful Soup 函式庫讀取 HTML 頁面裡的資訊;

- 辨識並讀取含有欲蒐集的資料之 <div> 標籤;

- 利用資料字典型別儲存一條一條的紀錄;

- 最後使用 DictWriter() 函式將該字典寫入 .csv 檔案。

但更重要的,是學到從網頁萃取資料並寫入資料檔的技巧,之後可以將此資料檔交由各種分析工具處理,例如交給 Google 試算表或如 Jupyter Notebook 之類的 Python 應用程式,這兩種工具將在稍後章節介紹。

學會如何處理鎖在網頁裡的資料,並將它們轉換為更容易分析的格式之後,接下來將以本章所學到的東西為基礎,利用類似的程序來搜刮網站的即時資料。

5

直接從網站搜刮資料

凌亂的資料

搜刮即時網站上的資料

以 資料偵探的眼光來看，網路上的內容幾乎是蒐集資料的百寶箱，想想一系列的 Tumblr 貼文，或在 Yelp 列出的商家評論，每天都有帳戶在線上產生無數內容，這些內容會顯示在網站和 APP，任何東西都是資料，正等待我們去挖掘。

上一章討論如何搜刮網頁內容，或利用 HTML 元素的標籤和屬性來萃取資料，第 4 章是從臉書下載的資料副本裡擷取資料，本章會把心力投注在搜刮網站的即時資料。

凌亂的資料

網站是為使用它的人們而建，而非像我們這種想挖寶的人，因此，許多網站具有友善的使用界面及易用的功能，但對於探索資料的人而言，就不見得方便。

例如臉書貼文中有 4,532 個情緒反應（reaction），會顯示 4.5K 回應標記，而且，回文經常不顯示完整的時間戳記和資料，僅簡單顯示此貼文是在幾個小時前建立。尤其社交平台為了增加吸引力，經常變更線上內容的設計，而不是提供完整的資訊。

如此一來，想收集的資料可能是不規則而凌亂，甚至內容不完整，必須找出一些處理網站結構的方法才能有效搜刮資料。

讀者或許覺得：即然有 API 可用，為什麼還要花這麼多精力從網頁搜刮資料。某些情況下無法利用 API 搜刮即時網站上易取得的資料，例如，推特允許捲動閱覽三個月的資料，但 API 卻只能擷取約 3200 條推文；臉書可以透過 API 取得公開社團及公開頁面上的資料，但我們在意的是動態時報內容。

在 BuzzFeed 的新聞事件（News story）專欄，我們分析 Katherine Cooper 和 Lindsey Linder（政治傾向不同的一對母女）在臉書的動態時報中之 2,367 條貼文，藉以展示她們的線上世界有多大差異，Cooper 及 Linder 曾提及因政治傾向分歧而在臉書上發生激烈爭執，但私下的討論卻是很平和。檢視有關她們的貼文內容調查，從出現頻率最高的貼文統計，有助於明白這兩位女人的資訊世界之態勢（見圖 5-1）。

此資訊是針對特定臉書帳戶量身定制，只適用於 Linder 和 Cooper 的臉書動態時報。

NOTE 讀者可以從 BuzzFeed News 閱讀《This Conservative Mom And Liberal Daughter Were Surprised By How Different Their Facebook Feeds Are》（保守派母親和自由派女兒對她們臉書的動態時報內容差異感到驚訝）這篇文章，網址如下：

https://www.buzzfeed.com/lamvo/facebook-filter-bubbles-liberal-daughter-conservative-mom/

在Linder和Cooper的臉書動態時報貼文數最高的15位好友

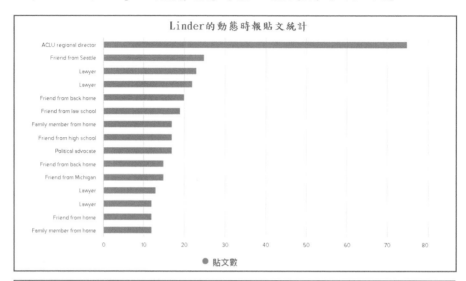

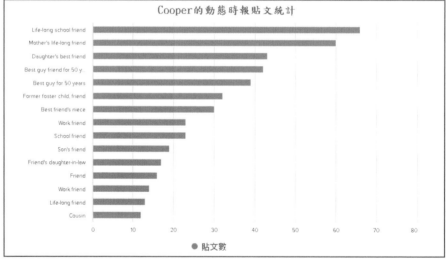

資料來源：Facebook

圖 5-1：分別顯示在 Linder 和 Cooper 的 Facebook 動態時報上的留言數量（前 15 名）
橫條圖

資料收集的道德考量

社交平台根據他們認為合適的商業利益、用戶隱私或其他原因設下資料存取管制，就某種程度來看，搜刮技巧是繞過這些管制的一種方法。

但在搜刮網站資料時千萬不要恣意妄為，未經許可而從網站蒐集資料或另行轉發蒐集的資料，很有可能違反該平台的服務條款，輕者遭除權而無法繼續使用該平台，重者可能招來訴訟之災。

要擷取網站資料，怎麼做才妥當呢？

要如何從即時網站搜刮資料及建構搜刮工具，必須考慮許多因素，資料記者 Roberto Rocha 在他的部落格發表的《On the Ethics of Web Scraping》（蒐集網站資料的道德考量）（https:// robertorocha.info/ on-the-ethics-of-web-scraping/），提供四個指導方針：

1. 這些資料能拿嗎？

2. 拿到的資料可以轉行發布嗎？

3. 蒐集資料時會不會造成伺服器超載？

4. 這些資料可以應用在哪些情境？

我們不是第一個，也不會是最後一個從即時網站蒐集資料的人，有鑑於此，社交平台可能針對這種現象制定存取政策，通常有兩份文件可以參考：

* 網頁爬蟲（robots）排除協議

* 服務條款

接下來，將深入研究這兩份文件，首先從網頁爬蟲排除協議開始，通常就是 robots.txt 這支檔案。

網頁爬蟲排除協議

網頁爬蟲排除協議是一支置於社交平台網站的伺服器上之文字檔,只要在瀏覽器的網址列輸入網站網址(如 https://facebook.com/)並附加 robots.txt(即 https://facebook.com/robots.txt),就能找到它(如果有)。

許多平台的擁有者都使用此文字檔來限制網頁爬蟲(robot)的行為,簡言之,它的限制對象是自動化瀏覽網站的程式和腳本,而不是人類。網頁爬蟲有時也稱為 crawler(爬蟲)、spider(蜘蛛)或 web wanderer(網路漫遊者),網頁爬蟲排除協議以標準格式建構,基本上,就像管制網頁爬蟲瀏覽網站的行為規則手冊。*

並非所有搜刮工具都會遵守這些規則,垃圾郵件機器人或惡意軟體就可能忽略該協議,但這樣做可能面臨被平台封鎖的風險,請確保我們遵循網站所訂的規則,以免遭受同樣命運。

最基本的 robots.txt 可能如下所示:

```
User-agent: *
Disallow: /
```

下列是它的基本結構:

```
User-agent: [ 適用的爬蟲 ]
Disallow/Allow: [ 不允許或允許爬蟲搜尋該目錄或資料夾的路徑 ]
```

user-agent 指示此規則適用於哪類爬蟲,此處範例使用「*」,表示該規則適用於所有網頁爬蟲,包括我們撰寫的機器人。Disallow 表示機器人不可以耙找指定的目錄或資料夾,以這裡例子,斜線(/)指示機器人不可以耙找網站根目錄裡的任何內容,根目錄保有網站的所有檔案,這支 robots.txt 禁止所有爬蟲耙找此網站的任何內容。

---

* 譯註:以這裡的情況,robot、crawler 及 spider 都叫「爬蟲」或「網頁爬蟲」。

它只表示網站不想被耙找，以免對網站擁有者造成麻煩，並不表示就真的無法耙找。

robots.txt 檔也可以擁有更多規則，以臉書的 robots.txt 為例，其中針對 Googlebot 的 User-agent 及規則如清單 5-1 所示。

```
-- 前面內容省略 --
User-agent: Googlebot
Disallow: /ajax/
Disallow: /album.php
Disallow: /checkpoint/
Disallow: /contact_importer/
Disallow: /feeds/
Disallow: /file_download.php
Disallow: /hashtag/
Disallow: /l.php
Disallow: /live/
Disallow: /moments_app/
Disallow: /p.php
Disallow: /photo.php
Disallow: /photos.php
Disallow: /sharer/
-- 以下內容省略 --
```

清單 5-1：更複雜的 Facebook robots.txt 內容

由上面的規則可知，臉書網站不允許 Googlebot 爬蟲存取 facebook.com/ajax/、facebook.com/album.php、facebook.com/checkpoint/、及其他列於其上路徑的內容。

服務條款

網站的服務條款是找出網站擁有者允不允許機器人把找網站的另一途徑,服務條款可能指定哪些網頁爬蟲可以執行操作,或從網站取得的資料能否用在其他目的。

對於提供線上服務的公司而言,社交平台的使用者所產生的資料具有重要價值,人們分享的上網行為、瀏覽和搜尋的過程紀錄,讓平台能夠建構使用者的資料背景關聯性,以及向他們推銷產品,對於許多社交平台來說,這些顯然存在經濟誘因,以致於不允許其他人蒐集這些資料。

社交平台也必須保護使用者的資料和隱私,如果垃圾郵件機器人或其他有問題的機器人蒐集使用者資訊,可能導致使用者疏遠平台,甚至停用服務,基於這兩個原因及其他因素,社交平台會嚴肅看待它們的服務條款。

資料收集的技術面重點

對於搜刮網站資料,除了道德考量,還需要考慮技術因素,前一章從已下載到本機的資料副本擷取資料,腳本並未連線網際網路,也沒有真正瀏覽即時網站。

若要讓搜刮工具開啟網站,應該考量是否會影響託管此內容的伺服器,每次開啟網站都會存取伺服器所託管的資料,每個請求都需要網站的後端程式去撈出資料,再轉成 HTML 格式,然後傳輸給瀏覽器,過程中的每一動作都會耗掉一些記憶體,在手機上以同樣的方式傳輸幾 MB 的資料,也會花掉我們一些錢。

人類從瀏覽器開啟網站,等待網頁下載,然後捲動畫面,這是一回事,利用程式機器人在幾秒鐘內開啟上千次網站又是另一回事,想像一部伺服器在同一時間內處理幾萬個這樣的傳輸,在大量請求的速度和壓力下,它可能會崩潰,換句話說,伺服器可能超載(overload)。

在撰寫搜刮工具或機器爬蟲時，應該告訴它每次開啟網站要間隔幾秒鐘，以降低請求速率，在本章後段撰寫搜刮工具時，將會看到如何實作。

收集資料的理由

還有一項重點，想要搜刮人們在網站發布的資料，就無可避免與平台擁有者發生衝突，仔細思考搜刮資料的理由，可能有助於獲取平台擁有者許可，以便順利從網站蒐集資料，否則必須自行承擔後果。

誠實並明確地描述蒐集資料的理由，將有助平台決定是否同意你繼續作業，例如，在臉書上研究侵犯人權行為的學者，以非營利目的擷取臉書上某些人的資料，或許是不錯的理由；然而，為營利需要，擷取資料、重製再轉發行，恐會損及臉書利益，這種行為很可能招來法律紛爭。

有無數因素會涉及搜刮資料行為的法律規範，你的所在位置、公司或機構隸屬地域、發布內容的版權、社交平台的服務條款、收集資料所涉及的隱私問題等，想要搜刮資料前，這些都是決策過程的一部分，每個資料蒐集案例不見得一樣，在開始撰寫程式之前，一定要先研究法律和道德規範。

將道德和技術的考量因素牢記於心，現在就動手從即時網站搜刮資料囉！

搜刮即時網站上的資料

先以搜刮維基百科（Wikipedia）上的女性電腦科學家名單為例，它的 robots.txt 檔允許良性機器人耙找其內容。

想搜刮的頁面如圖 5-2 所示，網址為：https://en.wikipedia.org/wiki/Category:Women_computer_scientists。

圖 5-2：維基百科上的女性電腦科學家名單

就像前幾章那樣，先從腳本匯入所需函式庫開始，開啟文字編輯器，並以 wikipediascraper.py 的檔名儲存到你喜歡的資料夾，然後將清單 5-2 的程式碼輸入到此檔案中。

```
# 匯入搜刮網站所需的函式庫
import csv

from bs4 import BeautifulSoup
import requests

# 為資料建立一組空的清單變數
rows = []
```

清單 5-2：建立腳本

匯入前面章節已使用過的 csv、requests 和 beautifulsoup4 函式庫，再來，就像撰寫前一支腳本那樣，為 rows 變數指定一組空清單，稍後會將資料列添加到裡頭。

接下來則稍有變化：開啟一個即時網站。此過程與第 2 章用 URL 開啟 API 讀取資料的方式雷同，但這次是要開啟維基百科的資料網頁，將清單 5-3 的程式碼加到剛剛的 Python 腳本裡。

```
# 開啟網站連線
url = "https://en.wikipedia.org/wiki/Category:Women_computer_scientists"❶
page = requests.get(url)❷
page_content = page.content❸

# 利用 Beautiful Soup 函式庫解析網頁內容
soup = BeautifulSoup(page_content, "html.parser")
```

清單 5-3：從指定的 URL 讀取內容

首先設定字串變數 url❶，它包含腳本欲開啟的網址；然後，以變數 page❷ 保存 HTML 頁面，該頁面是透過 requests 函式庫的 get() 函式取得之 response 物件；接下來，使用 response 物件的 content❸ 屬性將上一列取得的 HTML 頁面編碼成 Beautiful Soup 能解譯的格式；最後，使用 Beautiful Soup 的 HTML 解析器分離 HTML 和網頁內容。

分析頁面內容

就像處理臉書資料副本裡的 HTML 頁面，這裡也需要分析收割的內容之 HTML 標籤，就像前面所做的步驟，藉助瀏覽器開發人員工具的網頁檢視器分析相關原始碼。

在這裡是要取得維基百科的共筆編輯者所彙編之女性電腦科學家名單，圖 5-3 可看到這些名單。

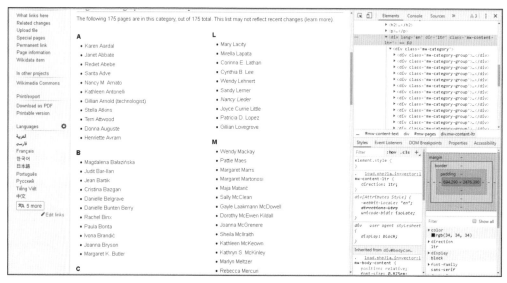

圖 5-3：想擷取的維基百科頁面，伴隨開啟網頁檢視器

如同在此頁面所見到的，電腦科學家的名字依姓氏（last name）分群，並依姓氏字母順序排列。此外，這份名單還可以點擊「*next page*」鏈結到第二頁。[*]

要查看哪些 HTML 元素包含我們想要的內容，可以在名單中的任一姓名上點擊滑鼠右鍵來「檢查」頁面 HTML，找出蒐資料時可以利用的布局。

---

[*] 譯註：翻譯此篇時，維基百科上的名單已改成單頁呈現，因此，網頁上已無「next page」鏈結，但為後續小節說明需要，仍保留此段文字，請讀者自行想像有「next page」鏈結。

從「Ａ」群的姓名上點擊滑鼠右鍵，再從彈出選單中選擇「檢查」，此時請將目光移到網頁檢視器上，其中 HTML 原始碼應該跳到所點擊在「Ａ」群的科學家姓名部分，並標示出框住該姓名的標籤。網頁可能很長，包含數百個 HTML 標籤，透過網頁檢視器，可以定位到網頁上所見特定項目的 HTML 元素上，就像地圖上的「目前位置」標記。

現在已經找到「Ａ」群中某位科學家姓名在 HTML 原始碼的位置，可以進一步檢查包含「Ａ」群裡所有姓名的 HTML 標籤結構，向上捲動原始碼，找出父層的 <div> 標籤「<div class =" mw-category-group">」，此時，如圖 5-4 所示，網頁上相對應部分被標示出來，此標籤正好框住姓氏以「Ａ」開頭的名單。

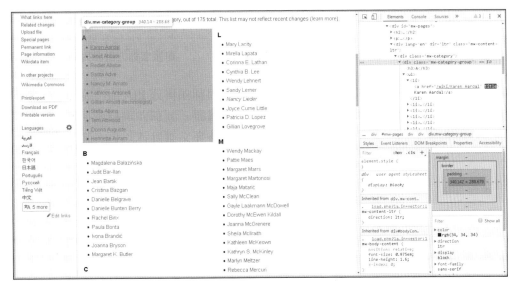

圖 5-4：在「Ａ」群女性電腦科學家名單所標示出來的之父層標籤

在此父層標籤點擊滑鼠右鍵，如圖 5-5 選擇「Edit as HTML」（編輯 HTML），便能複製-貼上父層標籤以及嵌套在父層標籤裡的所有 HTML 元素。

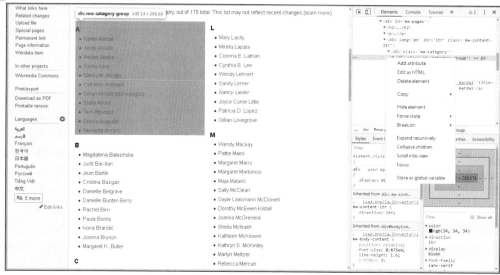

圖 5-5：選擇網頁檢視器的「Edit as HTML」功能

如果將剛剛複製的 HTML 原始碼貼到文字編輯器成新文件，其內容應類似清單 5-4。

```
<div class="mw-category-group"><h3>A</h3>
<ul><li><a href="/wiki/Janet_Abbate" title="Janet Abbate">Janet Abbate</a></li>
<li><a href="/wiki/T%C3%BClay_Adal%C4%B1" title="Tülay Adalı">Tülay Adalı</a></li>
<li><a href="/wiki/Sarita_Adve" title="Sarita Adve">Sarita Adve</a></li>
<li><a href="/wiki/Dorit_Aharonov" title="Dorit Aharonov">Dorit Aharonov</a></li>
<li><a href="/wiki/Anastasia_Ailamaki" title="Anastasia Ailamaki">Anastasia Ailamaki</a></li>
<li><a href="/wiki/Susanne_Albers" title="Susanne Albers">Susanne Albers</a></li>
<li><a href="/wiki/Frances_E._Allen" title="Frances E. Allen">Frances E. Allen</a></li>
<li><a href="/wiki/Sarah_Allen_(software_developer)" title="Sarah Allen (software
developer)">Sarah Allen (software developer)</a></li>
<li><a href="/wiki/Nancy_M._Amato" title="Nancy M. Amato">Nancy M. Amato</a></li>
<li><a href="/wiki/Pat_Fothergill" title="Pat Fothergill">Pat Fothergill</a></li>
<li><a href="/wiki/Nina_Amenta" title="Nina Amenta">Nina Amenta</a></li>
<li><a href="/wiki/Dana_Angluin" title="Dana Angluin">Dana Angluin</a></li>
<li><a href="/wiki/Annie_Ant%C3%B3n" title="Annie Antón">Annie Antón</a></li>
<li><a href="/wiki/Cecilia_R._Aragon" title="Cecilia R. Aragon">Cecilia R. Aragon</a></li>
<li><a href="/wiki/Gillian_Arnold_(technologist)" title="Gillian Arnold
(technologist)">Gillian Arnold (technologist)</a></li>
<li><a href="/wiki/Chieko_Asakawa" title="Chieko Asakawa">Chieko Asakawa</a></li>
<li><a href="/wiki/Winifred_Asprey" title="Winifred Asprey">Winifred Asprey</a></li>
<li><a href="/wiki/Stella_Atkins" title="Stella Atkins">Stella Atkins</a></li>
<li><a href="/wiki/Hagit_Attiya" title="Hagit Attiya">Hagit Attiya</a></li>
<li><a href="/wiki/Terri_Attwood" title="Terri Attwood">Terri Attwood</a></li>
<li><a href="/wiki/Donna_Auguste" title="Donna Auguste">Donna Auguste</a></li>
<li><a href="/wiki/Chrisanthi_Avgerou" title="Chrisanthi Avgerou">Chrisanthi Avgerou</a></li>
<li><a href="/wiki/Henriette_Avram" title="Henriette Avram">Henriette Avram</a></li></ul></
div>
```

清單 5-4：未經排版（內縮）的維基百科網頁原始碼

正如此處所見，網站上的 HTML 原始碼通常很少做排版處理，因為瀏覽器是從上而下，由左至右讀取每一列文字，每一列之間的空格越少，瀏覽器讀取的速度就越快。

但精簡後的原始碼比經排版過的更讓人難以閱讀。設計人員可以使用空白鍵（Sapce）和定位鍵（Tab）做出層次結構和嵌套不同位置的內層原始碼，由於大多數網頁追求原始碼最小化（minify）以迎合瀏覽器，對我們來說，如果能適當排版，會比較容易閱讀及理解網頁內容的階層關係，因此，有時需要進行最小化還原（unminify）。

網路上有許多免費工具可以將最小化的程式碼重新插入內縮及空格，包括 Unminify（http://unminify.com/），要使用這些工具只需複製已最小化的 HTML 原始碼，再貼上到工具提供的窗格裡，然後點擊特定按鈕進行最小化還原！

清單 5-5 是清單 5-4 的最小化原始碼還原後的樣子。

```
<div class="mw-category-group">❶
    <h3>A</h3>❷
    <ul>❸
    ❹  <li><a href="/wiki/Janet_Abbate" title="Janet Abbate"❺>Janet Abbate</a></li>
        <li><a href="/wiki/T%C3%BClay_Adal%C4%B1" title="Tülay Adalı">Tülay Adalı</a></li>
        <li><a href="/wiki/Sarita_Adve" title="Sarita Adve">Sarita Adve</a></li>
        <li><a href="/wiki/Dorit_Aharonov" title="Dorit Aharonov">Dorit Aharonov</a></li>
        <li><a href="/wiki/Anastasia_Ailamaki" title="Anastasia Ailamaki">Anastasia Ailamaki</a></li>
        <li><a href="/wiki/Susanne_Albers" title="Susanne Albers">Susanne Albers</a></li>
        <li><a href="/wiki/Frances_E._Allen" title="Frances E. Allen">Frances E. Allen</a></li>
        <li><a href="/wiki/Sarah_Allen_(software_developer)" title="Sarah Allen (software developer)">Sarah Allen (software developer)</a></li>
        <li><a href="/wiki/Nancy_M._Amato" title="Nancy M. Amato">Nancy M. Amato</a></li>
        <li><a href="/wiki/Pat_Fothergill" title="Pat Fothergill">Pat Fothergill</a></li>
        <li><a href="/wiki/Nina_Amenta" title="Nina Amenta">Nina Amenta</a></li>
        <li><a href="/wiki/Dana_Angluin" title="Dana Angluin">Dana Angluin</a></li>
        <li><a href="/wiki/Annie_Ant%C3%B3n" title="Annie Antón">Annie Antón</a></li>
        <li><a href="/wiki/Cecilia_R._Aragon" title="Cecilia R. Aragon">Cecilia R. Aragon</a></li>
        <li><a href="/wiki/Gillian_Arnold_(technologist)" title="Gillian Arnold (technologist)">Gillian Arnold (technologist)</a></li>
        <li><a href="/wiki/Chieko_Asakawa" title="Chieko Asakawa">Chieko Asakawa</a></li>
        <li><a href="/wiki/Winifred_Asprey" title="Winifred Asprey">Winifred Asprey</a></li>
        <li><a href="/wiki/Stella_Atkins" title="Stella Atkins">Stella Atkins</a></li>
        <li><a href="/wiki/Hagit_Attiya" title="Hagit Attiya">Hagit Attiya</a></li>
        <li><a href="/wiki/Terri_Attwood" title="Terri Attwood">Terri Attwood</a></li>
        <li><a href="/wiki/Donna_Auguste" title="Donna Auguste">Donna Auguste</a></li>
        <li><a href="/wiki/Chrisanthi_Avgerou" title="Chrisanthi Avgerou">Chrisanthi Avgerou</a></li>
        <li><a href="/wiki/Henriette_Avram" title="Henriette Avram">Henriette Avram</a></li>
    </ul>
</div>
```

清單 5-5：帶有內縮排版的維基百科網頁原始碼

可看到 HTML 頁面的內容包含：具有 mw-category-group 類別的父層 <div> 標籤 ❶；在 <h3> 標籤裡的字母標題 ❷；無序號的 <ul> 清單標籤 ❸；姓氏第一個字母和 <h3> 標籤框的字母（本例為「A」）相同的女科學家姓名則以 <li> 標籤框住，並嵌套在 <ul> 裡面 ❹。還具有指向每位女科學家的維基百科資料頁面之鏈結，該資料頁面與 <li> 標籤裡的科學家姓名相關聯 ❺。

將頁面內容存到變數

根據目前對原始碼結構的瞭解，回顧一下開啟網頁後必做的動作：

1. 從第一頁的無序號清單中擷取所有姓名。

2. 從每個清單項目中萃取資訊，包括女性電腦科學家的姓名、個人資料頁面的鏈結以及其所在分群的字母。

3. 依照這些資訊逐筆建立資料紀錄，並將每筆紀錄寫入 .csv 檔案。

為了看清此資料集的外觀以及如何安排各欄位，將依指示產生圖 5-6 的試算表。

	A	B	C
	name	link	letter_name
	Karen Aardal	/wiki/Karen_Aardal	A
	Janet Abbate	/wiki/Janet_Abbate	A
	Rediet Abebe	/wiki/Rediet_Abebe	A
	Sarita Adve	/wiki/Sarita_Adve	A
	Nancy M. Amato	/wiki/Nancy_M._Amato	A
	Kathleen Antonelli	/wiki/Kathleen_Antonelli	A
	Gillian Arnold (technologist)	/wiki/Gillian_Arnold_(technologist)	A
	Stella Atkins	/wiki/Stella_Atkins	A
	Terri Attwood	/wiki/Terri_Attwood	A
	Donna Auguste	/wiki/Donna_Auguste	A
	Henriette Avram	/wiki/Henriette_Avram	A

圖 5-6：可輔助我們建構搜刮工具的樣板試算表

好的，現在準備撰寫腳本裡用來搜刮 HTML 內資訊的程式碼！

首先由抓取每個依字母排序的名單之腳本開始，回到 Python 腳本檔，輸入清單 5-6 的程式碼。

```
-- 前面內容省略 --
soup = BeautifulSoup(page_content, "html.parser")
content = soup.find("div", class_="mw-category")❶
all_groupings = content.find_all("div", class_="mw-category-group")❷
```

清單 5-6：使用 Beautiful Soup 讀取 HTML 內容

這段程式使用 find()❶ 函式查找帶有 mw-category 類別的 <div> 標籤，這是包含欲擷取的整體內容之 <div> 標籤，正如之前以網頁檢視器所看到網頁原始碼那般，將包含所有名單的整個 HTML 區塊指定給 content 變數。下一列程式碼將帶有 mw-category-group 類別的所有 <div> 標籤存入 all_groupings 變數 ❷，這個任務最好交給 find_all() 來完成，它會依照指定的特徵，從 HTML 原始碼中搜尋特定元素，並存入清單型別變數，這裡向 find_all() 函式傳遞兩個參數：「div」字串，它告訴 find_all() 要查的 HTML 元素類型，以及 class_ 參數的「mw-category-group」字串，表示 find_all() 函式會取得具備 mw-category-group 類別的所有 <div> 元素，並為它們建立清單，all_groupings 變數會保存分群字母下，依姓氏字母排序的女科學家名單之 HTML 元素清單，以及每位科學家姓氏的第一個字母。

接下來需要遍歷每個字母分群的清單，從中收集每位科學家的姓名，如清單 5-7 所示，也請將此段程式碼加到 Python 腳本檔。

```
-- 前面內容省略 --
all_groupings = content.find_all("div", class_="mw-category-group")
for grouping in all_groupings:❶
    names_list = grouping.find("ul")❷
    category = grouping.find("h3").get_text()❸
    alphabetical_names = names_list.find_all("li")❹
```

清單 5-7：使用 for 迴圈收集每位女科學家的姓名

首先，需要一個 for 迴圈 ❶ 來遍歷剛剛加到 all_groupings 變數裡的每個分群，然後，使用 grouping.find() 收集字母分群中的 <ul> 無序號清單標籤 ❷，並將它存入 names_list 變數；接著，再次利用 grouping.find() 函式取得 <h3> 標題標籤 ❸，grouping.find("h3") 回傳內容包含 <h3> 標籤本身，但 .csv 檔需要的是與此標題相關的文字部分，為了取得文字，所以使用 get_text() 函式讀取標題標籤裡的字母，並將結果儲存至 category 變數，Python 可以在一列程式碼串接函式完成所需操作；最後，需要從 <ul> 標籤萃取出所有 <li> 元素，由於 <ul> 分群儲存在 names_list 變數，因此可以直接在該變數上使用 find_all() ❹。這段程式應該能夠取得分群字母和分群裡的姓名清單。

此段程式的最後一步是建立一筆紀錄，內容包含姓名、鏈結、與此姓名關聯的分群字母。如清單 5-8 所示。

```
-- 前面內容省略 --
    category = grouping.find("h3").get_text()
    alphabetical_names = names_list.find_all("li")

    for alphabetical_name in alphabetical_names:❶
        # 取得姓名
        name = alphabetical_name.text❷
        # 取得鏈結
        anchortag = alphabetical_name.find("a",href = True)❸
        link = anchortag["href"]❹
        # 取得分群字母
        letter_name = category
```

清單 5-8：將每個姓名關聯的資訊分別指定給變數，為 .csv 檔的資料列做好準備

這是本書第一次把腳本寫得這麼複雜，需要在一個迴圈中加入另一個迴圈！前面已經遍歷字母分群清單，從清單 5-8 的程式碼中可看出是在清單 5-7 的迴圈裡再加入一組 for 迴圈 ❶。清單 5-8 的迴圈嵌套在清單 5-7 的迴圈裡，現在遍歷儲存在 alphabetical_names 變數的每組 <li> 項目標籤。

每組 <li> 清單項目標籤都包含一筆姓名，可利用 text 屬性 ❷ 萃取出姓
名文字，此清單項目還包含鏈結，要用兩條程式來取得這些鏈結，先
用 find() 函式擷取 <a> 標籤 ❸，find() 函式需要兩個參數，第一個是欲
搜尋的標籤名稱，這裡就是「a」標籤；第二個是可選參數，可以不指
定。可選參數具有預設值，只在必要時才需變更它，此例的可選參數是
href，它的預設值是 False，透過設定參數「href = True」告訴函式只回
傳具有「href」屬性的 <a> 標籤，若不傳遞此可選參數，find() 預設會
搜尋每組 <a> 標籤。還記得嗎？ find() 只回傳找到的最後一組結果。

這裡將找的 <a> 標籤儲存到 anchortag 變數，該變數會包含 <a> 標籤
裡的所有資訊。想要從 <a> 標籤裡取得鏈結，需要讀取此標籤的 href
屬性之值，因此，使用帶有「href」字串的中括號來取得 ❹。再來就
是像上一章一樣，以資料字典型別建構所收集到的資料，如清單 5-9
所示。

```
-- 前面內容省略 --
        # 建立一組將寫到 csv 檔的資料字典
        row = {"name": name,❶
               "link": link,❷
               "letter_name": letter_name}❸
        rows.append(row)❹
```

清單 5-9：建立儲存資料的字典

每次 for 迴圈迭代時就會建立一筆資料。在第一列程式，將一組資料字
典指定給 row 變數 ❶，字典型別以大括號表示，row 字典的左大括號在
第一列，右大括號在第三列 ❸，順著下來，為每個鍵名（name ❶、link
❷ 和 letter_name ❸）分別設定它們的值，這些值就是腳本在先前收集
到的資料；最後，將 row 的資料附加到 rows 變數 ❹。

到目前為止，已撰寫的腳本內容應類似清單 5-10。

```
# 匯入搜刮網站所需的函式庫
import csv

from bs4 import BeautifulSoup
import requests

# 為資料建立一組空的清單
rows = []

# 開啟網站連線
url = "https://en.wikipedia.org/wiki/Category:Women_computer_scientists"
page = requests.get(url)
page_content = page.content
# 利用 Beautiful Soup 函式庫解析網頁內容
soup = BeautifulSoup(page_content, "html.parser")
content = soup.find("div", class_="mw-category")
all_groupings = content.find_all("div", class_="mw-category-group")
for grouping in all_groupings:
    names_list = grouping.find("ul")
    category = grouping.find("h3").get_text()
    alphabetical_names = names_list.find_all("li")
    for alphabetical_name in alphabetical_names:
        # 取得姓名
        name = alphabetical_name.text
        # 取得鏈結
        anchortag = alphabetical_name.find("a",href=True)
        link = anchortag["href"]
        # 取得分群字母
        letter_name = category
        # 建立一組將寫到 csv 檔的資料字典
        row = { "name": name,
                "link": link,
                "letter_name": letter_name}
        rows.append(row)
```

清單 5-10：到目前為止所撰寫完成的腳本內容

若果只想從單一頁面收集資料，現在完成的腳本就已很實用，但如果要從數十個甚至數百個頁面收集資料，則此腳本的實用性就沒那麼高。還記得筆者一直強調撰寫可重複使用的程式碼嗎？這裡終於有一個實作案例！

讓腳本可重複使用

現在已有一支可以從單一頁面搜刮每位女性電腦科學家姓名的腳本,但該頁面只有一半的女性電腦科學家,女性電腦科學家太多位,維基百科不得不將她們分成兩張名單。*

也就是說,還需要從第二頁搜刮其餘的名單才能得到完整結果,為此,要將剛剛撰寫的程式包裝成可以重複使用的函式,如清單 5-11 所示。

```
# 匯入搜刮網站所需的函式庫
import csv

from bs4 import BeautifulSoup
import requests

# 為資料建立一組空的清單
rows = []

❶ def scrape_content(url):
❷     page = requests.get(url)
      page_content = page.content
      # 利用 Beautiful Soup 函式庫解析網頁內容
      soup = BeautifulSoup(page_content, "html.parser")
      content = soup.find("div", class_="mw-category")
      all_groupings = content.find_all("div", class_="mw-category-group")
      for grouping in all_groupings:
          names_list = grouping.find("ul")
          category = grouping.find("h3").get_text()
          alphabetical_names = names_list.find_all("li")
          for alphabetical_name in alphabetical_names:
          # 取得姓名
              name = alphabetical_name.text
              # 取得鏈結
              anchortag = alphabetical_name.find("a",href=True)
              link = anchortag["href"]
              # 取得分群字母
              letter_name = category
              建立一組將寫到 csv 檔的資料字典
```

---

* 譯註:翻譯本文時,維基百科上的名單已剩一頁,但因作者介紹的技巧適合處理多頁資料,故請讀者假裝它有兩頁。

```
        row = { "name": name,
                "link": link,
                "letter_name": letter_name}
        rows.append(row)
```

清單 5-11：將腳本放入函式中，以便重複使用

為了將現有腳本重新編製成清單 5-11 的樣子，請先從現有腳本中刪除
以下程式碼：

```
url = "https://en.wikipedia.org/wiki/Category:Women_computer_scientists"
```

不再需要為 url 變數指定值，因為新腳本會用到多組 URL。

再來，於 ❶ 處為此腳本建立名為 scrape_content() 的函式，它會接收
url 參數，接著，在 ❷ 處加入 scrape_content() 函式的其餘程式碼，這
些程式碼和清單 5-10 的內容相同，只需做內縮處理，如果讀者使用的
文字編輯器沒有自動處理程式碼內縮，請手動選取要內縮的每一列，然
後按 Tab 鍵。

讀者應該注意到 ❷ 處使用 requests.get(url) 函式開啟網頁，這裡的 url
變數對應到 ❶ 處傳遞進來的參數。打個比方，我們只給 Python 一本使
用手冊，說明在呼叫 scrape_content(url) 函式時要做的事，當要腳本開
啟並搜刮網頁時，才會用真正的網址取代 url 參數。例如，要對維基百
科的頁面執行該函式，只需將下列程式碼加到腳本即可：

```
scrape_content("https://en.wikipedia.org/wiki/Category:Women_computer_scientists")
```

但是，這段函式要執行很多次，上述的方法對一、兩個 URL 來說還算
方便，面臨數百個 URL 時，就不那麼友善了。要應用在多個 URL 上，
可以建立一份包含每個待處理 URL 的字串清單，如此便能以迴圈將清
單中的 URL 逐一傳遞給此函式處理。為此，請將清單 5-12 中的程式碼
加到清單 5-11 的程式碼。

```
# 開啟網站連線
urls = ❶["https://en.wikipedia.org/wiki/Category:Women_computer_scientists",
"https://en.wikipedia.org/w/index.php?title=Category:Women_computer_scientis
ts&pagefrom=Lin%2C+Ming+C.%0AMing+C.+Lin#mw-pages"]

def scrape_content(url):
-- 部分內容省略 --
            rows.append(row)
for url in urls:❷
    scrape_content(url)❸
```

清單 5-12：利用迴圈在此函式處理多組 URL

urls 變數 ❶ 是存有兩組字串的清單，第一組字串是維基百科頁面的
URL，該頁面保有前半部分的女性電腦科學家姓名；第二組字串則是
第二頁面的鏈結，保有其餘女性電腦科學家的姓名。接著撰寫一組 for
迴圈，遍歷 urls 清單裡的每組 URL 字串 ❷，將每個 URL 字串傳遞給
scrape_content() 函式處理 ❸。如果要搜刮更多的維基百科頁面，只需
將它們的鏈結增加到 urls 清單就可以了。

現在已經將所有資料都放入到 rows 變數，是該將資料輸出到試算表
了，再將清單 5-13 的程式碼加到腳本裡即可。

```
-- 前面內容省略 --
# 建立一支讓我們寫入資料的新 .csv 檔
with open("all-women-computer-scientists.csv", "w+") as csvfile:❶
    # 這些是欄位的標題名稱
    fieldnames = ["name", "link", "letter_name"]❷
    # 這裡建立 csv 檔
    writer = csv.DictWriter(csvfile, fieldnames=fieldnames)❸
    # 這裡寫入第一列，即欄位標題
    writer.writeheader()❹
    # 這裡的迴圈會遍歷 rows（這個清單是在腳本開頭設置的，並在遍歷過程中
更新）
    for row in rows:❺
        # 這裡會處理每一筆 row，並將它寫入到 csv 中
        writer.writerow(row)❻
```

清單 5-13：根據收集的資料建立 .csv 檔

和從前做過的一樣，用「with open() as csvfile」❶ 敘述句建立名為 all-women-computer-scientists.csv 的空白 .csv 檔，由於是使用字典型別來蒐集資料，需要為試算表的欄位設置一組標題名稱清單 ❷，然後使用 csv 函式庫 DictWriter() ❸ 函式將每欄的標題寫到 .csv 的第一列 ❹。

最後，由迴圈遍歷 rows 裡的每列資料 ❺，並將每一列資料寫入試算表 ❻。

有禮貌的搜刮

就快完成了！現在已經撰寫一支可有效蒐集資料的腳本，但應該考慮兩件事，既要讓我們的目的清晰可辨，又要避免提供資料的伺服器過載。

首先是為搜刮工具提供詳細的聯繫方式，當被搜刮的網站發生問題時，網站擁有者就可以與你聯繫，這對彼此都有好處，在某些情況，搜刮工具可能引起麻煩，讓你被網站封鎖，如果網站擁有者能夠與你聯繫，並告知如何調整搜刮工具，就比較有機會繼續擷取該網站的資料。

搜刮工具所匯入的 requests 函式庫，有一個實用的 headers 參數，利用字典型別的變數儲存網站擁有者有興趣的資訊，每次從網路存取頁面時，將此變數傳遞給 headers 參數，以便將資訊提供給網站擁有者。將清單 5-14 的程式碼加到搜刮工具，並將筆者的聯絡資訊換成你自己的內容。

```
-- 前面內容省略 --
headers = {❶"user-agent" : "Mozilla/5.0 (Macintosh; Intel Mac OS X 10_12_6)
AppleWebKit/537.36 (KHTML, like Gecko) Chrome/65.0.3325.162 Safari/537.36",
          ❷ "from": "Your name example@domain.com"}
-- 部分內容省略 --
    page = requests.get(url, headers=headers)❸
```

清單 5-14：將請求標頭資訊加到搜刮工具

清單 5-14 的程式碼必須放在腳本匯入函式庫那幾列之後，因為要先匯入 requests 函式庫才能使用它。腳本中 HEADERS 是你設定的變數，它的內容在執行過程中不須變動，故可放在腳本前段，最好是放在 import 列之後。用來搜刮網頁的「page = requests.get(url, headers=headers)」是之前寫過的「page = requests.get(url)」之修改版。將現行腳本的「page = requests.get(url)」換成「page = requests.get(url, headers=HEADERS)，當搜刮網站時，每次請求網頁都會將你的資訊通知網站擁有者。

指定給 HEADERS 變數的資訊，在腳本每開啟一組 URL 時，就會交換給伺服器，誠如所見，這些資訊以 JSON 的鍵-值對格式建構，其中鍵名有「user-agent」及「from」，對應的值分別為「Mozilla/5.0 (Macintosh; Intel Mac OS X 10_12_6) AppleWebKit/537.36 (KHTML, like Gecko) Chrome/65.0.3325.162 Safari/537.36」 及「*Your name example@domain.com*」。

首先，可以向網站擁有者提供我們所用的 user-agent ❶ 類型之資訊，雖然這項資訊對網頁爬蟲並非必要項目。對於限制特定瀏覽器存取的網站，提供合適的 user-agent 內容，可能網站會允許搜刮工具瀏覽網頁。搜刮工具也可能利用安裝在電腦上的瀏覽器來存取網站，user-agent 標頭就會將開啟網頁的瀏覽器之能力傳達給伺服器，當然，本書不是使用這種方式，但早期撰寫爬蟲機器人，這可是很實用的一種手法。許多網站都可以找到有哪些 user-agent 類型，其中之一為：https://www.whoishostingthis.com/tools/user-agent/。

接著，可以在 from 變數指定我們的身分 ❷，提供姓名和電子郵件位址作為聯繫管道。為了使用 HEADERS 裡的資訊，需要將它指定給 requests.get() 函式的 headers 參數 ❸。

最後，還應避免搜刮網頁資料時遽增伺服器的負荷，如前所述，當搜刮工具快速連續開啟多個頁面，若不在每個請求之間稍作暫停，常常會造成伺服器過載。

為了達此效果，可以使用 Python 內建的 time 函式庫，它是標準函式庫的一部分，因此不須另外安裝。請將清單 5-15 的程式碼加到腳本中。

```
-- 前面內容省略 --
# 匯入搜刮網站所需的函式庫
import csv
import time❶

from bs4 import BeautifulSoup
import requests
time.sleep(2)❷
```

清單 5-15：在搜刮工具中加入暫停功能

想使用 time 函式庫，就要先將它匯入 ❶，然後使用其中的 sleep() ❷ 函
式，該函式會告訴搜刮工具休息一段時間，sleep() 函式的參數是數值
型別，可以是整數或浮點數，代表腳本暫停執行的秒數，此例是告訴腳
本暫停 2 秒後才繼續執行接續的指令 ❷。

現在將本章所撰寫的程式片段拼接在一起，最終腳本應該類似清單 5-16
所示。

```
# 匯入搜刮網站所需的函式庫
import csv
import time

from bs4 import BeautifulSoup
import requests

# 您的身分資訊
headers = {"user-agent" : "Mozilla/5.0 (Windows NT 6.1) AppleWebKit/537.36
(KHTML, like Gecko) Chrome/41.0.2228.0 Safari/537.36;",
           "from": "Your name example@domain.com"}

# 為資料建立一組空的清單
rows = []

# 開啟網站連線
urls = ["https://en.wikipedia.org/wiki/Category:Women_computer_scientists",
"https://en.wikipedia.org/w/index.php?title=Category:Women_computer_scientis
ts&pagefrom=Lin%2C+Ming+C.%0AMing+C.+Lin#mw-pages"]

def scrape_content(url):
    time.sleep(2)
```

```
        page = requests.get(url, headers= headers)
        page_content = page.content
        # 利用 Beautiful Soup 函式庫解析網頁內容
        soup = BeautifulSoup(page_content, "html.parser")
        content = soup.find("div", class_="mw-category")
        all_groupings = content.find_all("div", class_="mw-category-group")
        for grouping in all_groupings:
            names_list = grouping.find("ul")
            category = grouping.find("h3").get_text()
            alphabetical_names = names_list.find_all("li")
            for alphabetical_name in alphabetical_names:
                # 取得姓名
                name = alphabetical_name.text
                # 取得鏈結
                anchortag = alphabetical_name.find("a",href=True)
                link = anchortag["href"]
                # 取得分群字母
                letter_name = category
                # 建立一組將寫到 csv 檔的資料字典
                row = { "name": name,
                        "link": link,
                        "letter_name": letter_name}
                rows.append(row)

for url in urls:
    scrape_content(url)

# 建立一支讓我們寫入資料的新 .csv 檔
with open("all-women-computer-scientists.csv", "w+") as csvfile:
    # 這些是欄位的標題名稱
    fieldnames = ["name", "link", "letter_name"]
    # 這裡建立 csv 檔
    writer = csv.DictWriter(csvfile, fieldnames=fieldnames)
    # 這裡寫入第一列，即欄位標題
    writer.writeheader()
    # 這裡的迴圈會遍歷 rows（這個清單是在腳本開頭設置的，並在遍歷過程中
更新）
    for row in rows:
        # 這裡會處理每一筆 row，並將它寫入到 csv 中
        writer.writerow(row)
```

清單 5-16：完成後的搜刮工具腳本

為了測試搜刮工具，請確認電腦已連接網際網路，而且編輯中的腳本也已存檔。開啟命令列界面（CLI），將路徑切換到儲存腳本的目錄，依照使用的 Python 版本在 CLI 中執行下列命令。在 Mac 電腦，請執行：

```
python3 wikipediascraper.py
```

在 Windows 電腦，請執行：

```
python wikipediascraper.py
```

成功執行後，在此目錄內應該會產生一支 .csv 檔案。

本章小結

一言以蔽之,本章實作不僅告訴你搜刮工具的威力,還提醒這些行為可能產生的道德議題,總之,有能力去做某件事,並不代表就可以肆無忌憚、為所欲為。閱讀完本章,讀者應該全盤瞭解蒐集資料所需擔負的責任。祝你搜刮順利!

PART II

資料分析

6

資料分析導論

前 面幾章專門介紹如何查找及蒐集資料，既然有了資料，又該如何處理？本章將協助讀者執行簡單的資料分析。

從各方面來看，資料分析是在說明一個非常基本的動作：對資料集進行面試。就像各類面試一樣，表示你要問資料集問題，有時問題並不複雜，將資料排序就能得到答案；有時稍複雜，需要執行多種分析程序才能得到答案。

本章將利用 Google 試算表（Google Sheets）介紹資料分析的基本概念，擁有 Google 帳戶的使用者可以免費使用這套網頁應用程式，本章介紹的主要功能，也可以套用到微軟的 Excel。

雖然本章使用的手法及工具都可由 Python 實作出來，但對初學者來說，專注於開發程式之前，將精力集中於資料分析的步驟概念，更能奠定深厚的基礎，換句話說，利用程式碼實作資料分析之前，更適合先用 Google 試算表或 Excel 等工具從事分析作業。因此，本章將使用各種方法審視兩個推特（Twitter）帳戶的活動來說明資料分析程序。

資料分析過程

一般會假設資料集內容皆正確可靠，對於我們所搜集的資料也以相同觀點來進行研究，就是將資料集當成已匯總資料（summary data），但是研究發現匯總資料多少含有雜亂未經整理的成分，與經過整的結果或其他資料庫裡的原始資料有很大差異。

像美國人口普查局（US Census Bureau）之類的機構提供的資料表，通常已從成千上萬筆原始資料中完成清理、處置和歸類，許多不一致的內容已由資料科學家釐正。例如，表格中的人員職業欄位，這些機構可能已消除職業性質相同，但職稱不一致的資料，例如律師可能標示為 attorney 或者 lawyer。

同樣地，在本書中看到的原始資料（來自社交平台）可能不規則而難以處理，因為它是由自然人產出，每個人都有獨特的癖好和撰文習慣，必須對這些資料進行彙整，以便找出能夠回答我們所提問題的趨勢和奇特現象。處理工法不見得複雜及困難，通常只是一項必須忍受單調乏味的單純任務。

資料分析過程涉及幾種基本作法，本章將看到改編自 Amanda Cox 和 Kevin Quealy 的紐約大學資料新聞學課程內容，網址為

http://kpq.github.io/nyu-data-journalism-2014/classes/sort-filter-aggregate-merge/

修正資料和格式：資料幾乎不會全部按照我們所需的格式產生，藉由修正資料和格式，才能更容易進行比較。

彙計（Aggregating）：利用簡單的數學運算來查詢格式化後的資料，這個動作就叫作資料彙計或資料聚合（aggregation）。彙計資料的形式可以是加總某一欄位的所有值，或計算某些個體的數量，例如某個名稱在試算表中出現的次數。

排序（Sorting）和篩選（filtering）：如果只要知道某一欄資料的最大或最小值，這些基本問題就可以透過資料排序和篩選而得到解答。例如，按降冪（由大到小）排列某一欄資料，就可以輕鬆地在試算表頂部看到最大值；利用篩選（或稱過濾），可以找出哪幾列有相同資料。

合併（Merging）：比較兩個資料集的最有效方法之一是將它們合併（merge 或 combine）成一個資料集。

就理論而言，這些方法可能不夠直覺，但這裡還是利用它們調查和理解兩類推特使用者之活動情形：自動化的網路機器人（bot）和自然人。

找出網路機器人

自然人與網路機器人都喜歡在社交平台活動，自然人就像你我這樣的真實人類，他們藉由社交平台與朋友聯繫；網路機器人是由程式控制的自動化帳戶，它們按照腳本（很多是用 Python 寫成！）的指示發布內容，並非所有網路機器人都不懷好意，有些機器會發表令人賞心悅目的詩詞，有些會為機構發送最近的新聞標題。

本章將使用 Google 試算表檢驗某個推特帳戶的社交資料，這個帳戶已被數位鑑識研究實驗室（Digital Forensic Research Lab）判定為網路機器人，我們將以此帳戶發布的資料與自然人使用者的活動進行比較。

NOTE 更多有關數位鑑識研究實驗室及其研究成果，請參閱：
https://www.digitalsherlocks.org/

這裡的分析方式與 BuzzFeed News 藉由辨別推特使用者的行為特性，找出自動化帳戶的分析很相近，BuzzFeed 藉由圖 6-1 的兩張圖表說明機器人和人類的活動差異。

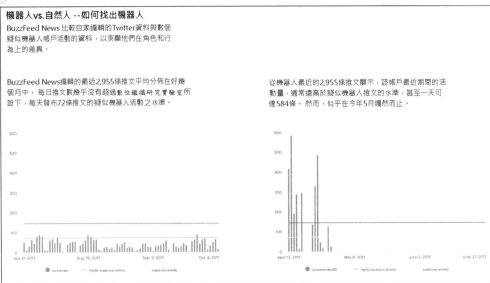

機器人vs.自然人 --如何找出機器人

BuzzFeed News 比較自家編輯的Twitter資料與數個
疑似機器人帳戶活動的資料,以突顯他們在角色和行
為上的差異。

BuzzFeed News編輯的最近2,955條推文平均分佈在好幾
個月中,每日推文數幾乎沒有超過數位鑑識研究實驗室所
設下,每天發布72條推文的疑似機器人活動之水準。

從機器人最近的2,955條推文顯示,該帳戶最近期間的活
動量,通常遠高於疑似機器人推文的水準,甚至一天可
達584條。然而,似乎在今年5月嘎然而止。

圖 6-1:比較兩張圖表看出 2017 年自然人活動與異常頻繁的機器人活動

具有經濟或政治動機的人,可以利用網路機器人帶風向或發動輿論戰
爭,最壞情況,可利用大量機器人放大傾向某種意見的人數。

雖然沒有辦法百分百確認線上行為的真實性或欺騙意圖,但網路機器人
有一項明顯特徵,就是大量推文的能力遠超過一般正常人,因此,本章
的習作是希望檢視機器人和自然人的日常活動程度,我們將匯入、清
理、格式化和分析從推特的 @sunneversets100 帳戶蒐集來的推文,在
分析過程中,將學到 Google 試算表所提供的實用功能。

準備出發找機器人了嗎?動身囉!

Google 試算表入門

要有 Google 帳號才能使用 Google 試算表，若讀者尚未擁有 Google 帳號，可以到 https://accounts.google.com/SignUp 免費註冊。登入後，請開啟 Google 雲端硬碟（https://drive.google.com/），這是一種雲端儲存服務，可讓使用者整理擁有的檔案。

整理資料是非常重要的，就像撰寫程式，資料分析可能也需要反覆嘗試才能得到正確結果，或許還會涉及諸多步驟。因此，整理資料不只是為了整齊，另一個目標是資料的準確性，越有組織性的資料越容易遵循分析步驟、修改分析方法，並在將來重現分析過程。

首先，在 Google 雲端硬碟建立一個資料夾，用以儲存與資料分析有關的所有檔案。將每專案的每個項目放在同一個資料夾是不錯的作法。就像開發腳本時使用的註解文字，可以在未來提醒我們在此時的思維過程，建立不同檔案和資料夾也是有助於導引分析的作法。資料夾和註解文字使我們與其他人可以更輕易複製工作經驗，也可以補充文件中所記載的資料分析步驟說明。要在 Google 雲端硬碟建立資料夾，請點擊左方「**新增**」鈕，然後選擇「**資料夾**」。

接著需要為資料夾取個名字。為資料夾和檔案取個有意義又易於識別的名字，是確保自己及他人能清楚瞭解資料夾用途的好方法，至於該如何替專案命名則由你決定，但請保持一致的命名習慣。筆者通常使用日期及一些可以呈現資料夾內容的關鍵字來命名，例如：mmddyyyy-related-keywords。本章習作就用這種命名約定為新資料夾取名為「04062019-social-media-exercises」。

現在請建立一支新的試算表檔案。讀者若尚未進入新建的資料夾，請由 Google 雲端硬碟左方的「**我的雲端硬碟**」找到它並進入，新建立的檔案就會自動儲存到該資料夾中。

要建立新的試算表檔，請由左側功能表選擇「**新增 ▸Google 試算表**」，瀏覽器會將空白試算表檔開在新頁籤上（見圖 6-2）。讀者若用過微軟的 Excel，對此試算表應該有一種似曾相識的感覺。

圖 6-2：空的 Google 試算表檔

請參考「04062019-social-media-exercises」資料夾的命名慣例為此試算表檔取名為：04062019-tweet-analysis-@sunneversets100。

接下來就要在試算表裡填入資料，本習作是使用 API 取得推特使用者 @sunneversets100 發布的政治新聞（推特 API 的資訊可參閱 https://developer.twitter.com/）。這些推文是利用社交平台的資料腳本蒐集，腳本及用法可在 https://github.com/lamthuyvo/social-media-data-scripts/ 找到。用 API 搜刮而來的資料以 .csv 檔案形式保存，Google 試算表知道如何利用 .csv 檔案產生一張工作表（spreadsheet）。本章習作的範例資料可由下列網址取得：https://github.com/lamthuyvo/social-media-data-book/tree/master/chapter_materials/chapter06_07。

要匯入 .csv 檔，請從試算表程式的「**檔案**」功能表選擇「**匯入 ▶ 上傳**」（使用匯入，不要直接開啟檔案），再由畫面上的「選取裝置中的檔案」鈕瀏覽並開啟本機電腦上的 @sunneversets100 資料檔（.csv 格式），將此 .csv 上傳到 Google 試算表（或直接將檔案拖進畫面的上傳區）。

Google 試算表會要求選擇匯入選項，在匯入位置請選擇「取代目前工作表」，以匯入的 Twitter 資料檔內容填寫目前的空工作表，由於資料檔為 csv 格式，所以分隔符類型請選擇「逗號」，當然，選用「自動偵測」應該也能正確匯入。最後，將文字轉換成數字、日期和公式的選項設為「否」。設定好檔案匯入選項後，點擊「匯入資料」鈕完成匯入。

不論使用 Google 試算表、Python 或其他工具進行資料分析，瞭解文字轉換原理是很重要的，資料格式化能力（Google 試算表稱為文字轉換）對程式語言更是重要，像 Google 試算表之類的軟體可以分辨字串（文字）與其他型別資料（如整數、浮點數或日期時間）的差異。

儘管人類可以依照書寫習慣辨識內容是代表日期、數字或文字，但許多軟體和程式語言並無法自動完成相同的操作，通常都需要經過複雜的判斷。如果將文字轉換成數字、日期和公式的匯入選項設為「是」，則 Google 試算表嘗試猜測哪些值是數字、日期或文字，在這裡不該選擇自動化處理，像郵遞區號皆由數字組成，其作用類似區域標籤，應以文字處理，而非數字，若讓 Google 試算表自動識別，或許會將它轉換為數字而喪失部分資訊，例如，以 0 開頭的郵遞區號，前導的數字 0 會被丟棄，當涉及資料型別猜測時，應盡量少用自動化。

完成上述步驟後，將擁有一張如圖 6-3 的試算表。

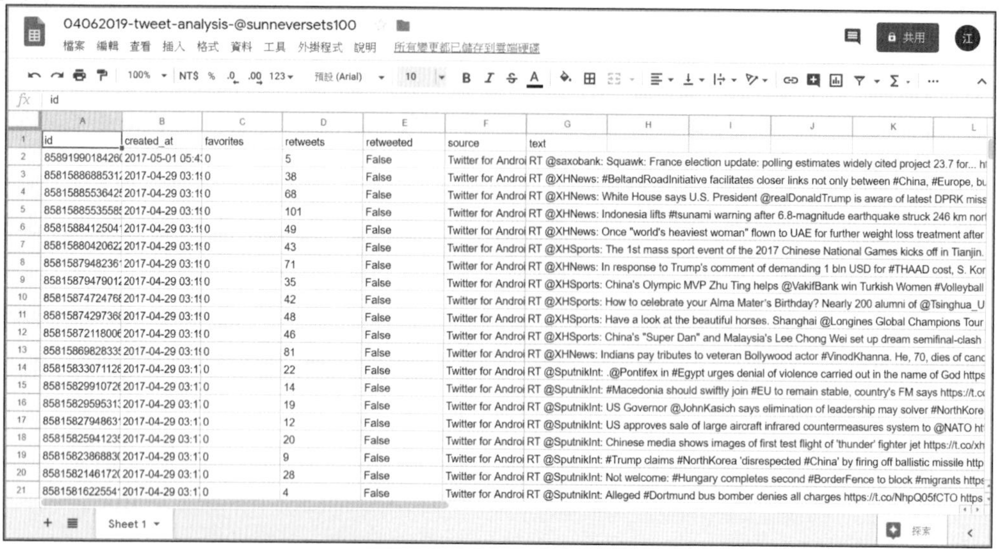

	A	B	C	D	E	F	G
1	id	created_at	favorites	retweets	retweeted	source	text
2	8589199018426	2017-05-01 05:4	0	5	False	Twitter for Androi	RT @saxobank: Squawk: France election update: polling estimates widely cited project 23.7 for... ht
3	8581588688531	2017-04-29 03:1	0	38	False	Twitter for Androi	RT @XHNews: #BeltandRoadInitiative facilitates closer links not only between #China, #Europe, bu
4	8581588553642	2017-04-29 03:1	0	68	False	Twitter for Androi	RT @XHNews: White House says U.S. President @realDonaldTrump is aware of latest DPRK miss
5	8581588553558	2017-04-29 03:1	0	101	False	Twitter for Androi	RT @XHNews: Indonesia lifts #tsunami warning after 6.8-magnitude earthquake struck 246 km nor
6	8581588412504	2017-04-29 03:1	0	49	False	Twitter for Androi	RT @XHNews: Once "world's heaviest woman" flown to UAE for further weight loss treatment after
7	8581588042062	2017-04-29 03:1	0	43	False	Twitter for Androi	RT @XHSports: The 1st mass sport event of the 2017 Chinese National Games kicks off in Tianjin.
8	8581587948236	2017-04-29 03:1	0	71	False	Twitter for Androi	RT @XHNews: In response to Trump's comment of demanding 1 bln USD for #THAAD cost, S. Kor
9	8581587947901	2017-04-29 03:1	0	35	False	Twitter for Androi	RT @XHSports: China's Olympic MVP Zhu Ting helps @VakifBank win Turkish Women #Volleyball
10	8581587472476	2017-04-29 03:1	0	42	False	Twitter for Androi	RT @XHSports: How to celebrate your Alma Mater's Birthday? Nearly 200 alumni of @Tsinghua_U
11	8581587429736	2017-04-29 03:1	0	48	False	Twitter for Androi	RT @XHSports: Have a look at the beautiful horses. Shanghai @Longines Global Champions Tour
12	8581587211800	2017-04-29 03:1	0	46	False	Twitter for Androi	RT @XHSports: China's "Super Dan" and Malaysia's Lee Chong Wei set up dream semifinal-clash
13	8581586982833	2017-04-29 03:1	0	81	False	Twitter for Androi	RT @XHNews: Indians pay tributes to veteran Bollywood actor #VinodKhanna. He, 70, dies of canc
14	8581583307112	2017-04-29 03:1	0	22	False	Twitter for Androi	RT @SputnikInt: .@Pontifex in #Egypt urges denial of violence carried out in the name of God https
15	8581582991072	2017-04-29 03:1	0	14	False	Twitter for Androi	RT @SputnikInt: #Macedonia should swiftly join #EU to remain stable, country's FM says https://t.c
16	8581582959531	2017-04-29 03:1	0	19	False	Twitter for Androi	RT @SputnikInt: US Governor @JohnKasich says elimination of leadership may solver #NorthKore
17	8581582794863	2017-04-29 03:1	0	12	False	Twitter for Androi	RT @SputnikInt: US approves sale of large aircraft infrared countermeasures system to @NATO ht
18	8581582594123	2017-04-29 03:1	0	20	False	Twitter for Androi	RT @SputnikInt: Chinese media shows images of first test flight of 'thunder' fighter jet https://t.co/xh
19	8581582386883	2017-04-29 03:1	0	9	False	Twitter for Androi	RT @SputnikInt: #Trump claims #NorthKorea 'disrespected #China' by firing off ballistic missile http
20	8581582146172	2017-04-29 03:1	0	28	False	Twitter for Androi	RT @SputnikInt: Not welcome: #Hungary completes second #BorderFence to block #migrants https
21	8581581622554	2017-04-29 03:1	0	4	False	Twitter for Androi	RT @SputnikInt: Alleged #Dortmund bus bomber denies all charges https://t.co/NhpQ05fCTO https

圖 6-3：匯入一份尚未修改的資料到工作表裡

很好！現在準備好進行資料處理了！

修改和格式化資料

為了有效使用 Google 試算表的功能，應確保 Google 試算表能適當詮釋每個資料行，因此，要進行資料格式化，但在動手修改工作表之前，先執行資料分析中的重要步驟：複製原始、未變更的資料集。

孰能無過，難免出錯，對資料的操作和計算結果總是需要再三檢查，但也要確保可以回溯到原始資料集，以防沒有回頭路。儘管 Google 試算表和其他 Google 產品一樣，會自動追蹤檔案內容更動（查看檔案功能表的版本記錄），但還是應保留一份易於存取的副本，以供必要時參照，想要查看資料的原始內容時，就不必拉出舊版本的試算表。

最簡單的方式，就是為資料分析的每個步驟都建立一張工作表副本，並為工作表取一個與步驟相應的名稱。對資料集新增、更改或刪除某些值或整欄時，這種手法特別受用，對於破壞性修改很難回復舊資料（undo），利用多張工作表來追蹤每個步驟，可以讓工作變得更輕鬆。

首先，將目光移到工作表的底部，雙擊（double-click）「工作表 1」頁籤，在此頁籤上輸入具說明能力的工作表名稱，本例的第一張工作表取名為「raw data」，代表這是一張原始資料的工作表。接著，如圖 6-4 所示，點擊工作表名稱旁邊的向下箭頭，從彈出選單選擇「複製」。

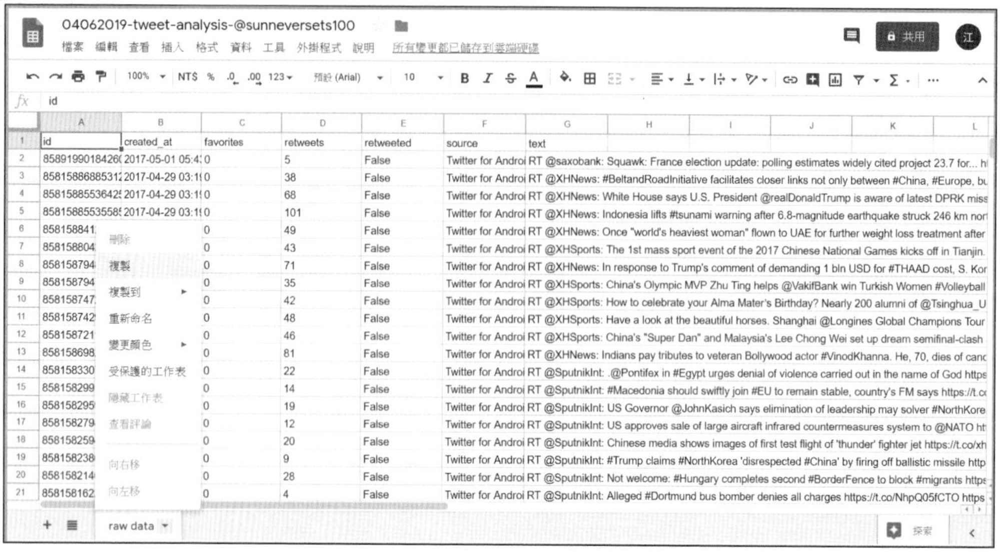

圖 6-4：複製工作表

為開啟的第二張工作表重新命名為「step 1: modify and format」，利用這張工作表進行格式修正，請利用工作表上方的欄標題字母，選取包含每條推文按讚次數的一整欄（這裡，我們感興趣的 C 欄的 favorites），被選取的一整欄應該會標示成淡藍色，接著，由格式功能表選擇「**數值 ▸ 數字**」，如圖 6-5 所示。

這會將該欄的每個值從字串轉換為數字，也請為 retweets 欄重複執行上述步驟，這一欄的內容也是數字。

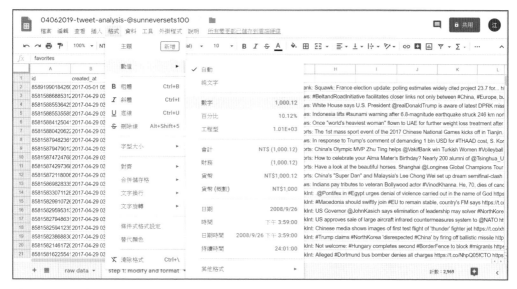

圖 6-5：工作表的格式設定選項

注意，從 API 取得的時間戳記值太細了，時間戳記是代表推特將資料儲存到資料庫的時間。細緻的資料粒度有很多好處，方便以各種方式彙計資料，可以看到推文發布的切確時間或日期。但為了處理不同類型的資料匯總，必須先修改資料。

正如先前提過的，資料分析的過程包含將資料轉換為正確格式的單調乏味過程，特別是人類產出的資料常需先進行清理，之後才能進行比較。例如，收集到推文的文字資料，可能需要解析同一種文義的不同拼法（如「gray」和「grey」），或修正拼寫錯誤和錯別字，至於由程式或機器人蒐集來的資料，也許需要將資料分切成不同部分或合併某些欄位，像這裡就需要將推文的發布時間戳記分拆成日期與時間。

快速回想一下我們的任務：分析疑似機器人的推特活動，區分和人類活動的差別。這項工作能藉由檢查可疑帳戶 @sunneversets100 每天平均發文次數來實現，專家表示：與人類發文相比，機器人的活動次數會異常高。根據數位鑑識研究實驗室的資料，每天發文大於 72 次就有問題，而每天發文 144 次以上更是高度可疑。現在，使用 Google 試算表來確認 @sunneversets100 的活動情形是否高度可疑。

可看到時間戳記同時具有日期及精細到秒數的時間，如 2017-05-01 05:43:57，我們將利用日期部分計算 @sunneversets100 每日發布推文的次數，為達成此任務，會使用 Google 試算表裡的資料透視表功能（Excel 稱為樞紐分析表），但要使用資料透視表，首先必須建立一組僅包含推文發布日期的新欄位，因此要修改包含完整時間戳記的欄位，從中移除時分秒的時間部分，只留下日期資料。

分離資料的最簡單方法是使用資料功能表的「**將文字分隔成不同欄**」，此內建工具會尋找欄位裡的共通字元，一旦找到比對模式，就會嘗試將文字拆分成多欄，比對模式可能像分隔名字與姓氏的逗號（,），例如「Smith, Paul」，或時間戳記裡的空格。

為了使用該功能，要在 created_at 欄的右側插入一組空欄，請在 created_at 的欄標題字母點擊滑鼠右鍵，從彈出選單選擇「向右插入 1 欄」，現在使用「將文字分隔成不同欄」功能就不會蓋掉其他資料。請點擊含有時間戳記的欄標題字母（全選該欄），然後由資料功能表執行「將文字分隔成不同欄」。

系統彈出小小窗格，提示你選擇分隔符，分隔符預設為「自動偵測」，但我們已確定日期和時間是用空格分隔，因此，可以選擇「空格」，此功能會將分隔符左側的值留在原欄位，分隔符右側的值，移到剛剛插入的新欄中。

此功能適用於已格式化的文字資料，Google 試算表會以字串方式處理，初匯入資料時，Google 試算表詢問是否將文字轉換為數字和日期時，我們選擇「否」，確保每個儲存格都被當成字串，而不是數字或日期。對於本習作，在將資料格式化成其他型別之前，最好以字串型別操作其內容。

經常需要重新格式化欄位，以便 Google 試算表能視情況處理各種資料型別，如果使用日期類型的功能，就需要將字串轉換成日期，同理，數學運算只能作用在數字格式的資料。

現在還不需要變更工作表裡中的資料值格式，但是基於管理目的，應該為欄位取個合適的名字，將儲存日期的欄位更名為「date」，儲存時間的欄位取名為「time」。

將一欄的值分為兩欄之後，就可以統計某個日期出現的次數了！

彙計資料

將資料匯入 Google 試算表，修改資料內容及格式之後，資料分析所需的基本步驟就已經完成。資料已經準備好了，繼續進行資料分析程序的下一步：彙計資料。這裡會用到 Google 試算表的資料透視表和公式。

使用資料透視表彙計資料

資料透視表（Excel 稱樞紐分析表）是 Google 試算表強大功能之一，能夠總結（summarize）大量的詳細資料，方便進行各種分析，例如，計算某個項目在欄位中出現的次數，或者根據日期或類別計算數值的總和。資料透視表可以透過友善界面，為大量資料提供易讀的總覽資訊，將原始資料的統計資訊以匯總表（summary table）型式呈現，例如：欄位中的值出現的次數。

藉由資料透視表可以找出推特資料集中的日期出現次數，已知道資料集中的一列代表某一條推文的相關資訊，因此，可以大膽認定某個日期出現的次數，足以代表 @sunneversets100 帳號在該日發布的推文條數。

進行此項分析，需要先選擇加入資料透視表統計的來源資料，要選取「step 1: modify and format」工作表的所有資料，請點擊第 1 列上方、第 A 欄左側的矩形區塊，然後，從資料功能表中選取「**資料透視表**」（圖 6-6），在建立資料透視表對話框的插入位置項選擇「新的工作表」，按下「建立」鈕後，應該會開啟名為「樞紐分析表 1」的新工作表。

圖 6-6：從資料功能選單選擇資料透視表功能

Google 試算表在新建立的工作表右側（資料透視表編輯器）提供許多
規劃資料透視表內容的選項，我們想用分離出來的 date 欄填到「**列**」
項中。

選擇「**列**」右側的「新增」鈕，從選單中選擇「date」欄，Google 試算
表會逐列填入資料集中的日期；接著還需要告訴資料透視表應為 date
顯示哪一類匯總值，這些值會顯示在日期右側欄位。

想要計算每一個日期出現的次數，因此，點擊「**值**」右側的「新增」
鈕，再次選擇「date」欄位，及選擇對此資料執行的數學類型，在這
裡 COUNT 和 COUNTA 好像都合用，但 COUNT 只對數字型的資料
有作用，所以，此處選擇 COUNTA，它可為任何型別的資料計算出現
次數。

這樣就建立一張用來匯總詳細資料集中日期出現次數的資料透視表（圖 6-7），由此資料透視表可對 @sunneversets100 帳號做出初步評估。已知一天發布推文的數量大於 72 次的帳戶就有可能是機器人，而大於 144 次者更是高度可疑，那麼，該帳號是否存在發文高於 72 次的日期？確實有！那高於 144 次的呢？也真的有！在最忙碌的一天共發了 586 條推文，在當天 24 小時內，@sunneversets100 平均約 2.5 分鐘發一條推文，就算渴望與全世界分享自己心得的自然人，應該也不至於做到如此瘋狂吧！

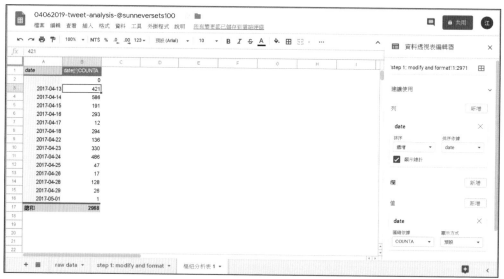

圖 6-7：利用 COUNTA 建立資料透視表以找出每個日期的出現次數

使用公式進行數學運算

只是使用資料透視表就已回答有關資料的重要議題：某個推特帳號的每天發文次數。利用這個工具就可以看出哪些日子的推文數量可能是機器人所為，對比於人類發布推文的速度，這些推文筆數的確很可疑。但是，發布推文的行為可能每天不同，即使帳號在某一天發了 72 條或更多推文，並不代表該帳戶每天的推文數目都是可疑的。

假設需要找出該帳號發布推文的平均數量，此時可使用一項新功能來回答這個問題，歡迎加入公式的快樂園地！

可以將公式看作是 Google 試算表內建的函式，Google 試算表利用開頭的等號（＝）來區分普通資料或公式。所有公式均由等號、函式名稱及左右括號組成，例如「=lower(A2)」。

筆者經常跟學生說，在 Excel 或 Google 試算表中使用公式，就已經是在撰寫基本程式。像 Python 函式一樣，公式有嚴格的規則（即語法）、參數傳遞，透過這些規則與參數之間的交互作用就能創造出新的資料值。

例如，使用 Python 的 len() 函式，並傳入第 1 章提到的「apple pie」字串，就能找出該字串的長度：

```
>>> len("apple pie")
9
```

Google 試算表有一個稱為「len」的公式，也能做到上述的要求，請開啟一張新的工作表，在左上角的儲存格輸入下列內容：

```
=len("apple pie")
```

在輸入上述公式的儲存格應該顯示數字「9」，更驚奇的是，儲存格可當作參數傳遞給公式，只要以儲存格在工作表的欄字母與列數字坐標，就能把儲存格當作參數傳遞，欄字母與列數字可以分別在工作表頂部和左側找到。

現在請在第 1 欄的第 2 個儲存格內輸入「apple pie」，該儲存格的座標為 A 欄 2 列，要找出此儲存格裡的字串之長度，可以將第 1 個儲存格的公式裡之「"apple pie"」換成儲存格座標「A2」，如下列所示（注意，儲存格座標前後不使用引號括住）：

```
=len(A2)
```

某些公式還可以傳遞多儲存格當作參數，使用多儲存格參數的語法會因選擇儲存格的方式而不同。

再回到資料分析話題，想找出 @sunneversets100 帳號發布推文的平均數量，可以利用「=average()」公式來執行此項操作。

「=average()」公式接受一群儲存格，並計算這些儲存格數值的平均數，該公式可使用個別選取的儲存格或某個範圍內的所有儲存格。利用前面的資料透視表計算每日平均發文數，可以將每個儲存格的座標清單傳遞給「=average()」公式，座標之間用逗號（,）分隔：

```
=average(B2,B3,B4,B5,B6,B7,B8,B9,B10,B11,B12,B13,B14,B15)
```

不過，另一種更簡明的方式，將冒號（:）表示的儲存格範圍傳遞給「=average()」公式，冒號左方是範圍的起點座標、右方是結束座標。儲存格範圍包括起點座標、結束座標和它們之間的所有儲存格。

要取得 B2 至 B15 儲存格的平均值，公式如下：

```
=sum(B2:B15)
```

若要選取一整欄，可以使用冒號搭配沒有列數字的座標，像是「=average(A:A)」；同理，也可以像「=average(2:2)」選取一整列。Google 試算表還可以利用工作表名稱加驚嘆號（!）指定同一支檔案不同工作表上的儲存格，例如：「=average(' 樞紐分析表 1'!A:A)」（因工作表名稱含有空格，所以要使用引號括住）。

另一種方法是使用游標選擇儲存格。找一個空白的儲存格，輸入等號及公式，直到完成左括號。這個練習再次使用「=len()」公式，先輸入「=len（」，然後使用游標選擇要傳給公式的儲存格，這裡就是選擇「A2」儲存格，儲存格坐標會自動填入公式，此時，按下 Enter 鍵就能自動完成公式，只要 A2 儲存格的內容是「apple pie」，則完成的公式結果應顯示「9」。

既然已經知道公式的原理，就可將所學應用到推特分析，回到資料透視表，在一個空白儲存格輸入公式「=average(B2:B15)」，按下 Enter 鍵後應該會看到 @sunneversets100 帳號的每天平均推文數量為 212，這個數值仍然很可疑！

Google 試算表內建許多公式，例如，將「=sum()」輸入某儲存格，並選擇數值型的儲存格做為參數，就能得到這些儲存格的數值總合。

公式的一大優點是可以將其複製並貼上多處儲存格，以便對幾欄或幾列資料執行相同操作，更棒地！ Google 試算表可以聰明地處理複製和貼上作業，想查看其工作原理，請切換到「step 1: modify and format」工作表。

假設要計算工作表裡每條推文的長度，可在存有每條推文內容的 H 欄之右側欄建立公式，將公式「=len(H2)」輸入 I2 儲存格，然後複製此儲存格，再貼到 I2 下面的所有儲存格，Google 試算表會聰明地算出 H 欄上的每條推文長度，而不只是計算最初的 H2 之推文長度。

這是因為 Google 試算表不會只複製公式的字串，它會依照儲存格的相對關係更改公式裡的儲存格參數，換言之，Google 試算表知道計算推文長度公式的參數來自左邊的儲存格，而不是固定的 I2。

這裡無法介紹 Google 試算表的每個公式，但有一個便捷的工具，當 Google 試算表偵測到輸入公式時，會彈出輔助小視窗，通常顯示該公式接受的參數類型資訊、公式的使用範例，以及公式功能的摘要說明，如圖 6-8 所示。它不是公式的完整清單，卻是體驗公式的最好起點。

利用資料透視表和公式，現在已有執行簡單操作的工具，只需點擊幾下滑鼠，就能為資料集的問題找到答案，更重要的，希望讀者已經看出有多種方式可以找出答案。

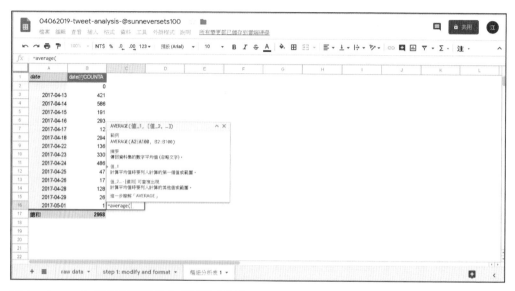

圖 6-8：Google 試算表彈出的公式輔助小視窗

資料排序和篩選

現在已學過如何匯入、修改和彙計資料，下一步就是對結果進行排序和篩選，以便對資料進行排名或隔離。

由大到小（反之亦然）找出資料的排名，是替結果建立層次結構的好方法，以便更容易和它們互動。就我們的分析主題，可透過排序資料透視表裡的資料，查看疑似機器人帳號在最忙碌的那天之發文數，要做這個動作，其中一種方法就是利用彙計完成的資料建立一張名為「filter view」的新工作表，然後在新工作表執行相關處理。

第一步，利用滑鼠拖拉功能，從資料透視表選取用來排序的欄位及其關聯之其他欄位資料，被選取的儲存格會以淡藍色背景標示，在標示區內的任一儲存格上點擊滑鼠右鍵，再從彈出選單選擇「複製」（或在 Mac 用鍵盤 cmd+C、PC 用 Ctrl+C 直接完成複製）。

第二步，與資料分析的其他步驟一樣，最佳作法是建立一張新工作表來執行排序作業，利用剛剛複製的資料透視表內容填上此新工作表，這裡要使用「選擇性貼上」。

若直接貼上剛剛複製自資料透視表的資料，Google 試算表會將公式及資料透視表相關功能都複製到新工作表，如此便無法修改這些資料內容，還好 Google 試算表可以只貼上公式和資料透視表的運算結果。

在新工作表 A1 儲存格點擊滑鼠右鍵，從彈出選單選擇「**選擇性貼上 ▶ 僅貼上值**」，這些貼到新工作表的值之格式會被移除，貼到新儲存格裡的日期可能被改成文字格式的整數字串，為了將它變成日期格式，請使用游標選取這些日期的儲存格，然後由格式功能表中選擇「**數值 ▶ 日期**」。

現在要選擇欲篩選的資料。選取工作表的所有資料，最簡單的方法是點擊第 1 列上方、第 A 欄左側的空白矩形。但這裡只需將游標移到欲篩選的資料範圍內，接著，點擊建立過濾器圖示（像漏斗的小圖）旁的小箭頭，選擇「**建立新的篩選器檢視畫面**」（如圖 6-9）。[*]

圖 6-9：Google 試算表的篩選器檢視畫面選項

篩選器檢視畫面可針對每一欄套用各種功能，例如按值或條件篩選資料（像是只顯示大於 100 的值），也可以排序資料，此工具不會修改資料集內容，只是切換可視的資料範圍及／或排列順序，套用篩選功能時，並不會刪除資料，篩選器只是依條件將資料隱藏。

來看看篩選器的功能選項，點擊每欄標題旁邊的倒三角形就可以進行內容過濾，只顯示整體資料集的某一部分，從選單中選取或取消選取欄裡的值，就會依照所選的值決定哪幾列資料要顯示或隱藏。

---

[*] 譯註：如果 Google 試算表無法判定資料範圍，在選擇「建立新的篩選器檢視畫面」後會顯示設定欄，請手動輸入資料範圍，本例即「A1:B16」。

當只想分析資料的某一部分時，就可以藉用篩選功能，通常會根據閾值大小或特定時間範圍來分離原始資料，透過篩選器選項還可以對資料集提出更多具體問題，以本章的推文分析為例，想檢視被轉發 100 次以上的推文，或者，查看特定月份發布的推文，篩選器就可以派上用場。

還可以根據條件過濾資料，即前面介紹 Python 時討論過的條件式概念。Google 試算表的篩選器提供一些現成的條件，可以進行簡單的條件過濾，例如選擇「**依條件篩選 ▸ 非空白**」（見圖 6-10），工作表就只會顯示有資料的儲存格。

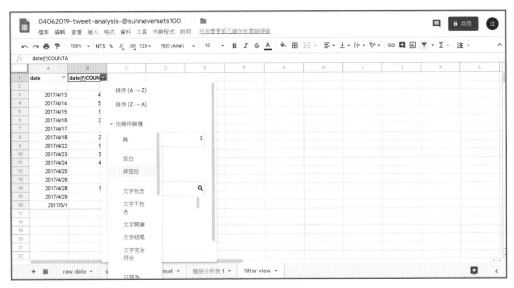

圖 6-10：Google 試算表的篩選器功能選項

最後，還可以使用「排序 (A→Z)」或「排序 (Z→A)」選項排列資料順序，「排序 (A→Z)」為升冪排列，將數值由最小到最大、時間由最前到最近，或字元由 A 到 Z 的順序排列；反之，「排序 (Z→A) 為降冪排列，它的順序恰與升冪排列相反。

排序資料集可以協助回答許多研究議題，以本章的推特分析來看，可能包含：此帳號最早發送的推文是什麼？最近發布的又是什麼？哪條推文最多人按讚？哪一條推文的轉發次數最多？請試著利用資料篩選功能回答這些問題。

合併資料集

資料分析的最後一種方法是合併（merging）或串聯（joining）資料集，兩個資料集的比較是 Google 試算表等工具的強大應用之一，藉由合併兩個工作表，可以輕鬆比較共通分類裡的值。

在得出資料集之間關聯的重要結論時，應該保持謹慎的態度，畢竟相關（correlation）與因果（causation）是不同的，亦即，兩個資料集看起來似乎存在某種關聯（即資料集似乎相關），並不表示某個資料集會影響另一個資料集的結果。資料集之間的相關性（Correlational）和因果關係（causational）應由其他的報告、專家或實地研究佐證，但就算在兩個或以上的資料集之間進行簡單的比較，也能提供足夠說明。

那麼，如何利用 Google 試算表串聯兩個工作表？「=vlookup()」公式可用來交叉參照兩個工作表的內容，依照兩表的共通資料進行合併，此公式利用某個值在工作表中進行查詢，被查詢的工作表就像字典一般。

例如，要將 @sunneversets100 在推特的活動與自然人（就你啦）帳號在 2017 年前兩週的推特活動進行比較。讀者可以利用自己的帳號，執行前面針對 @sunneversets100 資料分析所為的步驟，如果你沒有推特帳號，可以從下列網址取得 @nostarch 自然人帳號（https://twitter.com/nostarch/）的活動資訊副本。

https://github.com/lamthuyvo/social-media-data-book

要合併兩試算表，首先在試算表插入新工作表，左欄填入想檢驗資料之日期，此例是填入 2017 年上半年的資料，因為在這段時間 @sunneversets100 有發布推文。我們可以將此工作表命名為「merged_counts_sunneversets100_<*account*>」，其中「<*account*>」是自然人的推特帳號。

對於時間序列，可以在最上面一格輸入欄標題「date」，往下的每一列填寫一個日期。從 A2 儲存格填入「2017/4/13」，A3 填入「2017/4/14」，往下依序填入日期，直到 @sunneversets100 最後推文的 2017/5/1。為了快速填充其它儲存格，不必手動逐一輸入每個日期，在輸入兩個日期後，選取此兩儲存格，將滑鼠游標移到第二儲存格右下角的小方塊，游標變成一個小十字，然後雙擊滑鼠，或者按住此方塊並向下拖拉，直到第 20 列，Google 試算表會判斷上兩個儲存格的內容自動往下填充。

接下來要將 @sunneversets100 的資料透視表，與剛剛輸入日期的工作表利用「=vlookup()」進行合併，它會以某張工作表上的值向另一張工作表查詢這個值，並依照兩張表共通的值進行資料參照。不過，在此之前，請將「date」欄的右方欄設為儲存 @sunneversets100 每日推文數的欄位。

「=vlookup()」公式的括號內會用到四個參數，首先，它需要知道想查哪個值：

```
=vlookup(A2, ...)
```

這是「=vlookup()」要到另一個工作表查找的值，以這裡而言，A2 儲存格應該有日期序列中的第一筆日期「2017/4/13」。

第二個參數，公式想知道哪個資料範圍是被查找的參考表（稱為查找表）或字典。

```
=vlookup(A2, '樞紐分析表 1'!A:B, ...)
```

在這個例子中，代表要從「樞紐分析表 1」的 A 欄及 B 欄查找符合儲存格 A2（2017/4/13）的值，首先指定承載查找表及 @sunneversets100 每日發文數的工作表名稱（就是「**樞紐分析表 1**」）再跟著驚嘆號（！），代表向另一張工作表查尋。再來就像之前選擇儲存格一樣，指定查找表所包含的資料欄，此處即為 A 欄和 B 欄，在 Google 試算表中表示成「A:B」。

所選擇的欄範圍應包括用來串聯兩資料集的欄位（即 A 欄的日期），以及要用來填充到新工作表（合併表）的值（B 欄的計數）。必須確保 A 欄包含日期，因為要從中找出符合新工作表 A2 儲存格（2017/4/13）所表示的日期。由於查找表來自資料透視表，必須確保查找表的第一欄包含要找的值。

一旦 Google 試算表從「**樞紐分析表 1**」工作表的 A 欄中找到符合新工作表 A2 儲存格的值（2017/4/13），就會檢視含有 2017/4/13 日期那列的各欄，從中尋找要合併到新工作表的值，這是靠「=vlookup()」公式的第三個參數指定，vlookup() 要求指定哪一欄的值要拼接到新工作表，比較麻煩的是，它想知道該欄相對於查找表第 1 欄的位置，此例的資料位於「date」欄的右邊，是查找表的第 2 欄。

=vlookup(A2, ' 樞紐分析表 1'!A:B , 2, ...)

可以將 Google 試算表想像成無方向的機器人，在這兩個表間穿梭，告訴機器人的指令必須正確無誤。到目前為止，已經為此公式指定儲存格 A2 裡的日期（2017/4/13），然後要求 Google 試算表走到「**樞紐分析表 1**」工作表，從 A 欄和 B 欄查找日期 2017/4/13。一旦在 A 欄找到含有此日期的列，它就跳到「' 樞紐分析表 1'!A:B」所定範圍的第二欄。

就快好了！最後，需要告訴「=vlookup()」所查看的範圍（查找表）之資料是否已事先排序，這裡選擇 FALSE。為了安全起見，最好設為 FALSE，這樣，就算查找表已事先排序也能傳回正確資料。

=vlookup(A2, '樞紐分析表 1'!A:B, 2, FALSE)*

為了讓此公式在規劃的時間區間（2017/4/13 到 2017/5/1）內執行，要將它複製及貼上各日期所對應的右欄儲存格，如前所述，Google 試算表會聰明地處理複製和貼上，對每個日期都調整公式內容，而不只是將相同的公式內容逐字貼到每個儲存格中，否則，公式就只會查找 A2 儲存格的值。

完成此操作後，@sunneversets100 欄的儲存格現在應該包含一系列公式。

再以自然人推特帳號的資料重作一次處理 @sunneversets100 資料的過程，將會得到一張新的合併表，這樣就可以並排對照資料內容，如圖 6-11 所示。

---

* 譯註：Google 試算表 vlookup() 的第四個參數是指示「精確比對」（FALSE）或「近似比對」（TRUE），與查找表是否完成排序並無相關。

「精確比對」是指查找表中必須存在查詢值，否則會回傳「#N/A」。

「近似比對」是指查找表中若存在查詢值，其結果與「精確比對」相同，若不存在查詢值，則以小於查詢值的項目做為查詢結果，若查找表內容皆大於查詢值，則回傳「#N/A」。

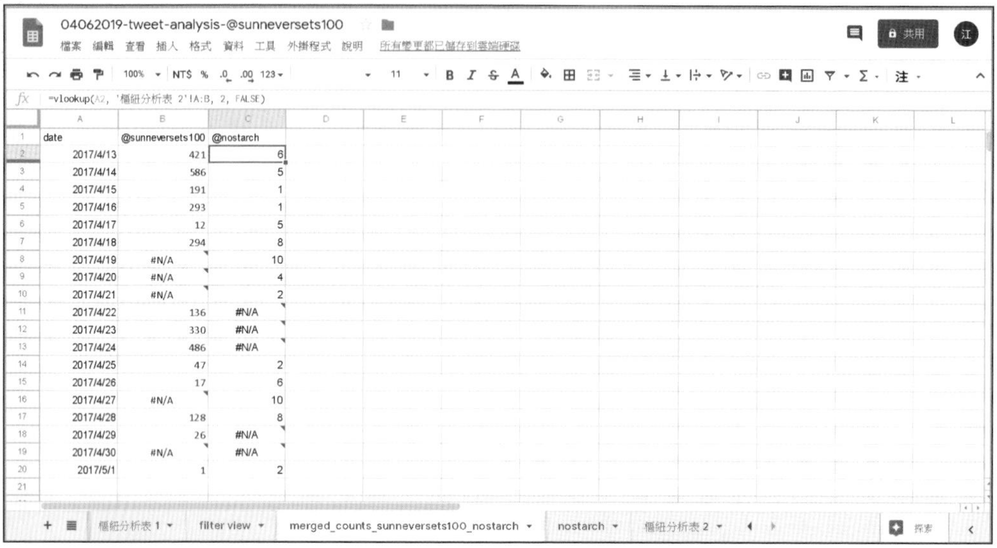

圖 6-11：分析結果，部分內容無法從查找表找到資料而呈現錯誤訊息

讀者應該會看到某些結果是「#N/A」（沒有可用資料），表示公式執行有錯誤，此仍因資料透視表不存在某些日期的資料，這些是 @sunneversets100 或自然人帳號未發布推文的日子。

為了避免出現這類錯誤訊息，應該在出現「#N/A」的儲存格填上數字「0」，方法之一是修改公式，以便出現錯誤時可以適當處理，這是在資料分析過程應牢記的重要概念，因為，此問題在程式開發過程中會反復出現。

Google 試算表提供實用的「=iferror()」公式，這裡正好可派上用場。「=iferror()」公式有兩個參數，第一個是要在儲存格上運行的公式，以這裡的例子就是「vlookup()」，由於已經寫好此公式，只需將它及其參數嵌套到「=iferror()」公式中即可。

下面是「 = iferror() 」公式在嵌套第一個參數後的樣子：

```
=iferror(vlookup(A2, '樞紐分析表 1'!A:B, 2, FALSE), ...)
```

這裡的 vlookup() 公式不需要等號（＝），等號只需在有公式的儲存格開頭使用一次即可。

「=iferror()」的第二個參數是當第一個參數（本例為 vlookup() 公式）回傳錯誤時，Google 試算表要借用的值，此處用「0」做為借用值，因為資料透視表只會彙計資料集裡所擁有的日期之推文發布數量，但我們還會評估其他不在資料集裡的日期，所以最好消除「#N/A」的結果。

完成的 iferror() 公式如下所示：

```
=iferror(vlookup(A2, '樞紐分析表 1'!A:B, 2, FALSE), 0)
```

一旦將原來有公式的兩欄都重新複製修正後的公式，合併表應會顯示並排的兩列資料（見圖 6-12）。

誠如所見，就分析結果，機器人發出的推文比自然人要多得多，儘管不是統計上最具代表性的分析，但藉由有趣的資料，還是可協助進行自動帳戶與自然人帳戶的比較。

	04062019-tweet-analysis-@sunneversets100											
	檔案 編輯 查看 插入 格式 資料 工具 外掛程式 說明 所有變更都已儲存到雲端硬碟											

fx | =iferror(vlookup(A2, '樞紐分析表 1'!A:B, 2, FALSE),0)

	A	B	C	D	E	F	G	H	I	J	K	L
1	date	@sunneversets100	@nostarch									
2	2017/4/13	421	6									
3	2017/4/14	586	5									
4	2017/4/15	191	1									
5	2017/4/16	293	1									
6	2017/4/17	12	5									
7	2017/4/18	294	8									
8	2017/4/19	0	10									
9	2017/4/20	0	4									
10	2017/4/21	0	2									
11	2017/4/22	136	0									
12	2017/4/23	330	0									
13	2017/4/24	486	0									
14	2017/4/25	47	2									
15	2017/4/26	17	6									
16	2017/4/27	0	10									
17	2017/4/28	128	8									
18	2017/4/29	26	0									
19	2017/4/30	0	0									
20	2017/5/1	1	2									
21												

圖 6-12：完成的工作表應該長這樣

從這個習作可學習到一些重要原則：需要修改和格式化資料，以便讓電腦真正理解它；根據類別將原始資料彙計成較高階的摘要資訊；排序和篩選資料，能得到更清晰的層次結構；瞭解合併資料集的威力。這些概念在 Google 試算表和 Python 都能發揮重要功用，繼續往資料分析師領域發展時，應能為你的思考過程發揮導引作用。

Google 試算表的其他功能

本章已經講解了好幾個 Google 試算表的不同功能，但這支程式還有許多其他功能，限於篇幅無法逐一介紹，大部分功能都可以在 Google 提供的簡明手冊中找到，網址如下：

https://support.google.com/docs/answer/6000292

Google 試算表提供的其他公式也值得深入探討，比較常用的公式是字串操作及數學運算，可以在以下網址找到公式清單。

https://support.google.com/docs/table/25273

最終，若發現自己一遍又一遍地執行相同任務，可能需要撰寫客製函式，下列網址提供開發 Google 腳本的相關資訊：

https://developers.google.com/apps-script/guides/sheets/functions

Google 試算表能夠處理大量的簡單分析，豐富的線上資源可滿足操作需求，但也確實有其侷限性，尤其處理的資料量到達一定程度，執行速度會變慢，甚至近似當機。稍後會介紹 Python 的 pandas 函式庫，並執行本章相似的分析，但能處理的資料規模可大得多了。

本章小結

本章說明 Google 試算表如何進行簡單的資料分析，讀者應該已知曉在 Google 試算表匯入和編排資料、利用資料集回答特定議題，以及如何修改、排序、篩選及彙計資料。

下一章將以本章開頭介紹的分析方法為基礎，利用資料視覺化技巧讓研究結果更易理解，我們會使用條件格式化和圖表之類工具，以便更有效地闡釋和傳達分析結果。

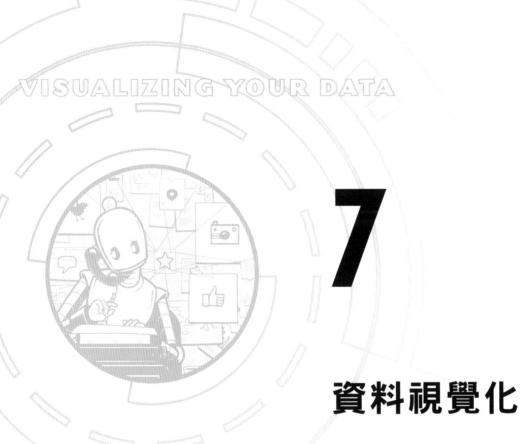

7

資料視覺化

利用圖表解讀機器人行為

條件式格式

到目前為止已經學習如何從社交平台蒐集資料，進行處理（process）及整理（crunch），資料分析的下一步是藉由視覺化（visualization）的威力，讓分析結果更易理解。

資料視覺化是讓資料分析結果可一目了然的最佳方法，透過圖表可以清楚看到資料隨時間變化的情形，利用顏色格式化的試算表，可以清晰傳遞資料值的範圍。

本章將討論如何把前一章分析的推特機器人資料以視覺化形式呈現，這裡會利用 Google 試算表的圖表工具和視覺化格式，以便更深入瞭解這些資料。

利用圖表解讀機器人行為

第 6 章以數位鑑識研究實驗室所提出的標準，確認 @sunneversets100 這組推特帳號是自動化機器人，而不是自然人，提醒一下，每天發文 72 條以上，可合理懷疑此帳號為機器人，每天發文 144 條以上更是可高度懷疑對象。之前分析發現，@sunneversets100 有很多天的發文量遠超過這些閾值。

在該章最後還研究機器人與自然人的行為之對比，結果如圖 7-1 所示。

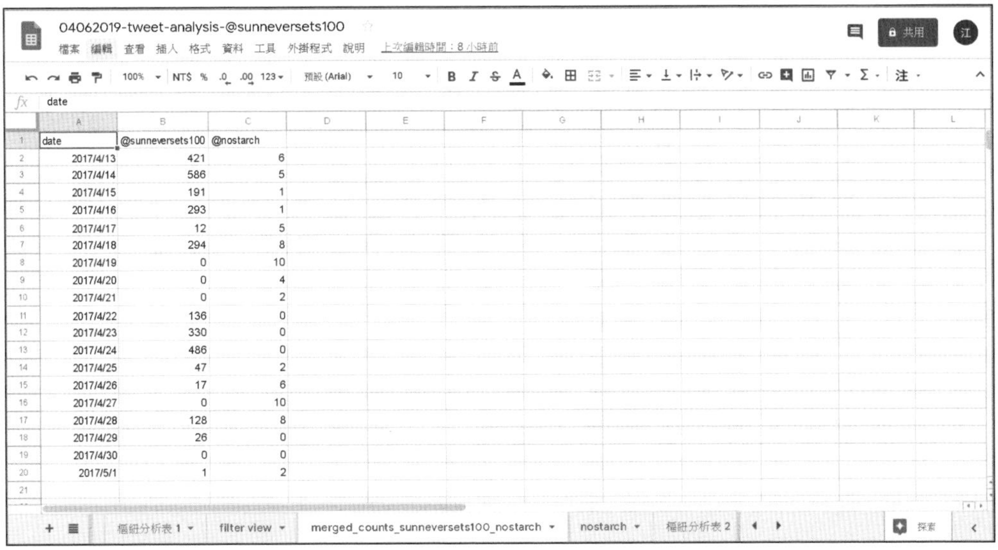

date	@sunneversets100	@nostarch
2017/4/13	421	6
2017/4/14	586	5
2017/4/15	191	1
2017/4/16	293	1
2017/4/17	12	5
2017/4/18	294	8
2017/4/19	0	10
2017/4/20	0	4
2017/4/21	0	2
2017/4/22	136	0
2017/4/23	330	0
2017/4/24	486	0
2017/4/25	47	2
2017/4/26	17	6
2017/4/27	0	10
2017/4/28	128	8
2017/4/29	26	0
2017/4/30	0	0
2017/5/1	1	2

圖 7-1：比較疑似機器人與自然人的推文活動之工作表

此工作表清楚顯示 @sunneversets100 的推文發行量比一般使用者高得多，但只閱讀分析結果的文字或試算表中的值，可能很難理解數字之間的對比，這正是可借助資料視覺化等圖表的地方。

選擇圖表

圖表以及由資料驅動的圖形，讓人們快速瞭解大量資料之間的關聯，我們可利用形狀（如圓形、矩形或線條）和顏色來區分數值，包括它們隨著時間的變化。這些視覺化圖形可以幫助觀眾一眼即看出資料模式或發現關鍵結果。

在使用它們之前，需要先認識不同類型的圖表，某些類型的圖表對統計或資料處理領域的人來看並不陌生，有些則是一般民眾所熟悉的，必須考量哪種圖表比較能傳達所分析的資料之意涵，用錯圖表，可能無法有效表達資料的意義，因此，要考慮這張圖表想表達什麼。如前所述，資料分析有點像面試，為確認不同問題的答案，需要使用不同的工具，向資料集提出問題，可以協助確認查找答案的圖表類型。

選擇正確的圖表可能不容易，幸好，學者和圖形編輯器提供許多實用的指引，其中之一是如圖 7-2 的單頁「Chart Suggestions—A Thought-Starter」（圖表選用建議：思考的起點），這是常見選擇資料視覺化類型的流程圖。

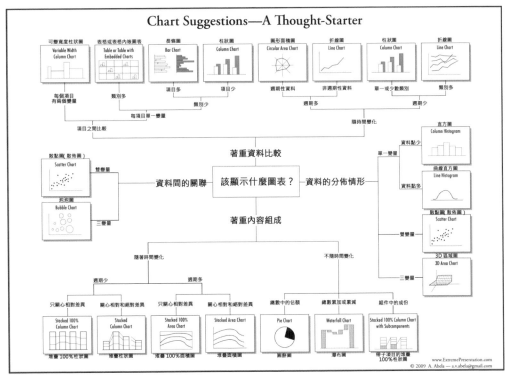

圖 7-2：Andrew Abela 於 2012 年提出的圖表選用建議指引

現在要說明的是不同的圖表類型及其使用方式。首先，比較型圖表
（comparison）用在比較資料集的差異，如前一章比較了機器人和自然
人的資料集。

圖 7-3 的柱狀圖（column chart）是常見的比較型圖表，它繪製了圖 7-1
合併後的資料透視表之圖表（本章稍後將介紹如何製作此類圖表）。

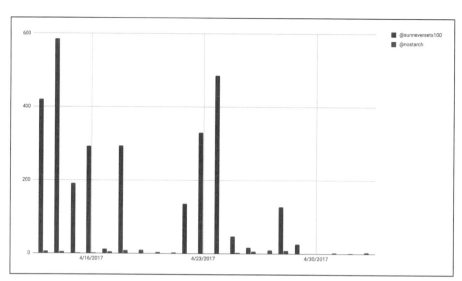

圖 7-3：用來比較機器人和自然人的推文活動之柱狀圖

圖表除了用來比較各個資料點外，還可以用來比較資料集的分佈
（distribution）情形或值的範圍。想像將整個資料集劃分成幾個級距
（bucket）（例如年齡範圍或等級〔A 到 A–、B+ 到 B– 等〕），然後
計算每個級距內的數量或佔整體的百分比。這是瞭解資料分佈的基本
方法。

再回到 @sunneversets100 的資料，檢視每條推文的轉發次數之分佈，
參考圖 6-3 的「raw data」工作表，轉發值的範圍可分成：0、1-100、
101-200、201-300，依此類推。

再從圖 7-2 的流程圖尋找指引，像這種小型資料的分佈情形，應可選用
如圖 7-4 的柱狀圖。

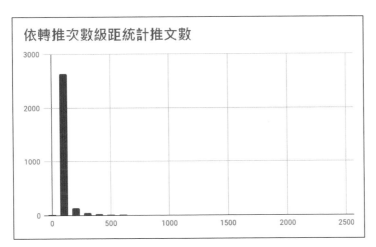

依轉推次數級距統計推文數

圖 7-4 顯示每個轉發級距的推文數量之分佈圖表

讀者也可能想瞭解組成整個資料集的比例，而不是年齡或轉發值級距之類的分割統計，換句話說，是要查看資料集的成分比例（composition），利用圖表看出某一部分資料與整體資料集的關聯。從圖 7-4 的柱狀圖分佈可看出轉推次數 1 到 100 次的推文佔大多數（超過 2,000 條），從這張圖似乎代表機器人的推文有某些吸引力，但效果並不顯著。

機器人通常用在衝高他人訊息的流量，不太會發布原創性的內容，因此，來看看 @sunneversets100 的推文屬於轉推文（推文文字前頭是「RT 」者）的比例可能比較有趣，圖 7-5 的圓形圖（又稱圓餅圖）顯示 @sunneversets100 的推文 99.4％屬於轉推文。

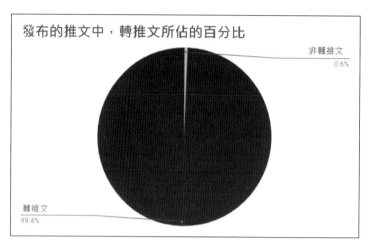

圖 7-5：圓形圖適合呈現各類別在整體中的比例

另外，也可以使用圖表呈現不同關係的資料類型，例如，想知道某個值與另一個值之間的關係，並研究某欄位的行為是否會造成另一值的減少或增加；或者某欄位的值是否與其他值的行為有關，藉由圖表可以描繪出這些關係。

嘗試瞭解一天中推文發行的某個時段與轉推次數的關係，換個方式問：一天中的哪些時段發行的推文之參與度是否特別出色？面對這種情況，散佈圖（scatterplot）是不錯的選擇，圖中每個資料點沿著 x 軸（水平軸）和 y 軸（垂直軸）放置。

通常，研究人員感興趣的是：測量因變數或受外界因子而改變的資料集（如雨傘銷售），受到自變數或不可控的資料集（如降雨）之影響，在實驗中，研究人員希望找出降雨對雨傘銷售有多大影響，就可以利用散佈圖觀查這種關係。

傳統上，自變數沿 x 軸繪製，因變數沿 y 軸繪製，以推特的例子，讀者可以自問：一天中的時段是否影響一條推文被轉推的次數？將這些變數沿 x 軸和 y 軸繪製就得到圖 7-6 的圖表。

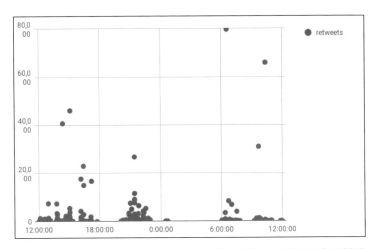

圖 7-6：依 x 軸是 @sunneversets100 的推文時間，y 軸是推文的轉推
次數，所繪製而成的散佈圖

指定時間區段

最後是可能繪製資料集在某個時間區間的圖表。向資料集提出的問題通
常會關注在某個時間點或是一段時間範圍，若要繪製這類時間序列的圖
表，必須將資料彙計（aggregate）到一段時間內，像是用推文的時間戳
記或更粗粒度的時間單位（如月或年）。

利用前一章資料透視表所匯總 @sunneversets100 和 @nostarch 的每日推
文數目，就可以繪製時間序列圖表，依照共同的時間區間合併這兩個資
料集，就可以進行並排比較。

讀者已經看過一些輔助方法，可為資料選擇正確的視覺化圖表，接下來
看看如何在 Google 試算表中製作圖表。

製作圖表

每當著手製作圖表時，會採取以下步驟：

1. 說明議題目標。

2. 進行資料分析，以幫助回答這個議題。

3. 選擇最佳的圖表格式和工具，以利回答問題。

4. 將資料格式化和編排成所選用的製圖工具能理解的型式，此例的工具就是 Google 試算表。

5. 插入資料或選擇已存在的資料，然後利用工具繪出圖表。

幸運的是，Google 試算表與 Excel 一樣，提供一套實用的圖表工具，可以直接在試算表快速繪製圖形，為了簡化練習，將使用上一章的結果繪製圖表，且讓我們逐步完成上列的步驟。

試圖利用分析結果來回答核心問題：比較機器人與自然人的行為差異。為回答這個問題，已經利用約三星期的時間序列得出分析結果，這就是步驟 1 和 2。

接下來是選擇最佳的圖表格式。這裡是嘗試比較機器人和自然人每日推文活動的兩個資料集，希望呈現依時間序的比較結果，參考圖 7-2 的流程圖，建議使用柱狀圖。

現在要對資料格式化，就像上一章所述，使用 Google 試算表或 Python 處理資料的重要任務是清理工作表欄位的內容，此將有助於工具（或程式）正確解譯資料。

在柱狀圖中，x 軸是時間值，y 軸是每日推文數，因此，需確保 Google 試算表收到的資料中，日期是一欄，另兩個帳號的每日推文數各自一欄，如圖 7-7 所示。

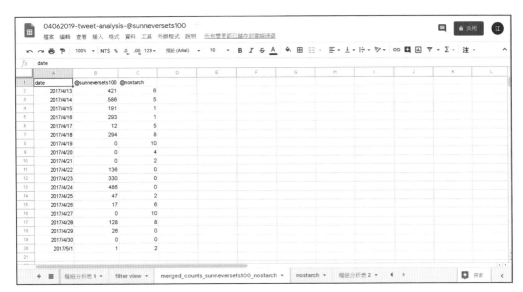

圖 7-7：工作表包含繪製圖表所需隨時間變化的所有活動值

利用在第 6 章學到的技巧選取「date」欄的所有日期資料，再從格式功能表選擇「**數值 ▶ 日期**」完成資料格式化。然後，選擇含有每個帳戶的推文活動之資料，再利用格式功能表的「**數值 ▶ 數字**」將它們格式為數字。

下一步要選擇繪製資料的圖表類型，和以前一樣，請確保已選擇用來繪製圖表的所有資料，本例中為包含已格式後的日期和推文數量的欄位，然後由插入功能表選擇「**圖表**」。

此動作會將圖表直接插入試算表中，並開啟圖表編輯器，如圖 7-8 所示。

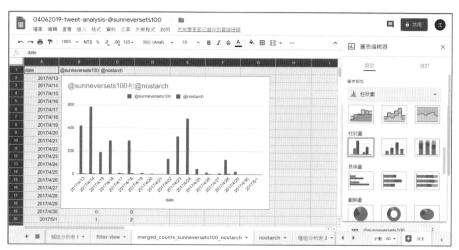

圖 7-8：建立機器人和自然人約三週期間的推文數比較之圖表

圖表編輯器可用來修改圖表的格式，它有「設定」和「自訂」兩個頁籤，在「設定」頁籤可以調整或修改圖表的內容，例如用來繪製圖表的儲存格範圍，或哪一列是圖表標題。本習作先從圖表類型的下拉選單選擇「**柱狀圖**」。

圖表編輯器的「自定」頁籤可以變更圖表樣式，例如修改圖表標題、設定軸的最小值或最大值，或者圖表文字字體。若要變更代表機器人資料的顏色，可由「自定」頁籤選擇「序列」項目，它會向下展開包含此兩類（機器人及自然人）資料序列的設定選項，每個系列通常以資料的欄標題命名，這裡選擇 @sunneversets100，利用調色盤的圓標選取欲變更的顏色，就能改變柱狀圖的顏色。

最後，可以點擊圖表右上角的三豎點（︙），從下拉選單選擇「**移動到小工具的工作表**」，就可以將圖表移到屬於它自己的工作表上。如果資料集的差異細微時，擴大它的顯示區域，可以讓結果更清晰可見。

儘管本書無法介紹 Google 試算表的每種圖表類型，但本章列出的原則應足以說明將資料轉成圖形前所採取的步驟，與往常一樣，在詢問有關資料的問題之前，思考想要探索的內容是重要的。遵循本章所列的步驟，可以更容易找出進行資料視覺化的正確方向。

條件式格式

目前已經介紹如何將資料轉化為圖表，讓閱讀的人更容易理解分析結果，儘管許多人在學校、工作場所或媒體上看到圖表和圖形，卻很少有人意識到其他格式化工作表內容的替代工具，利用這些工具，不需經過建立圖表的過程，就可以一眼看出資料的意涵。

Google 試算表裡一個特別實用的功能就是條件式格式，此工具可根據條件為工作表的儲存格著色，有點像在工作表裡撰寫 if 條件式，例如建立一個條件式格式「*if 儲存格的值滿足指定條件，then* 用指定顏色填入儲存格」，將條件式格式想像成機器人拿著一堆螢光筆，掃遍你的工作表，根據設定的規則為儲存格塗上顏色。

單色格式化

要切確瞭解條件式格式的原理，就將它套用到我們的推特資料集上，假設想要一種快速判斷某個值是否高於疑似或高度疑似的推文活動閾值。使用條件式格式時，可以告訴 Google 試算表對大於等於 72 且小於 144 的數字之儲存格填上某一顏色，而大於等於 144 的數字之儲存格填上另一種顏色。

為了將條件式格式套用到儲存格，首先選取欲套用規則的儲存格範圍，然後從格式功能表選擇「**條件式格式設定**」，Google 試算表會開啟「條件式格式規則」視窗，可以在這裡為工作表指定格式化規則。

首先來看如何使用單色格式化工作表，單色是指依照條件，用一種顏色填入同群組的儲存格，就先從每日推文 72 到 143 條的所有儲存格填入黃色下手，這些日子的推文數可能是機器人行為，請從「單色」頁籤選擇「新增其他規則」，從「儲存格符合以下格式時套用指定格式…」的選單中選擇「介於」，應該看到兩個欄位，可以在其中指定最小值和最大值，只有數值在此範圍內的儲存格才會被填入顏色。以這個例子，**最小值為 72、最大值為 143**；在「格式設定樣式」選擇填滿儲存格的顏色，如前所述，使用黃色表示疑似機器人推文的活動。

請再從「單色」頁籤點擊「新增其他規則」加入另一條格式規則，類似上述步驟，開啟「儲存格符合以下格式時套用指定格式…」選單，但這次改選擇「大於或等於」，並將值設為 144，之後從「格式設定樣式」選擇其他顏色，筆者是選擇紅色。

完成這兩個規則的設定後，工作表將顯示 72 到 143 的值之儲存格填滿黃色，大於等於 144 的儲存格填滿紅色，如圖 7-9 所示。

圖 7-9：根據條件式格式所定規則完成著色的工作表

現在，應該可以從工作表中快速找出疑似和高度疑似機器人的行為。

不只可以用單色格式化為儲存格設定著色規則，也可以為這些儲存格設置一個範圍內的漸層顏色，就讓我們繼續看下去！

色階格式化

除了使用單色格式化工作表外，也可以使用色階。如果選用此選項，Google 試算表會檢視我們選擇的所有儲存格，找出資料集中的最低和最高值，依照色階為每個儲存格著色。儲存格的值越接近資料集的最小值者，就會填入靠近色標左階的顏色；儲存格的值越接近資料集的最大值者，填充的顏色就越接近色標右階。如果還沒準備好繪製圖表，這是檢視資料集分佈的另一種方式。

以類似單色格式化的方式，開啟色階格式化設定選單，為了標示資料顏色，請選擇格式功能表的條件式格式設定項，從條件式格式規則視窗選擇「色階」頁籤，現在，畫面類似圖 7-10。

雖然這種格式的準確性不如單色，但用在呈現資料集的值之變化，卻提供實用的視覺化效果。單色格式允許設定閾值，有點像從資料集中挑選值，然後問它們是否符合特定條件，以前面的例子，是尋找疑似機器人活動的日期，我們的問題需要一個「是」或「否」的答案：選定某一天，機器人是否發布推文 144 次以上？相比之下，色階則更具探索性目的，在不確定分析的閾值或者如何設定界限，但又想瞭解手上數值的範圍和分佈情形，就適合改用色階格式。

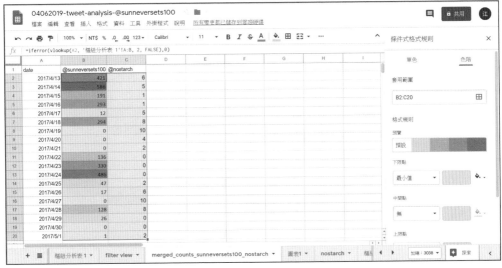

圖 7-10：使用色階格式化的試算表

本章小結

在本章見識到 Google 試算表提供的不同視覺化工具，雖然篇幅不足以介紹每一種圖表的工作方式或如何為每種類型的圖表修改資料，但相信讀者也應該大致瞭解 Google 試算表視覺化的作業模式了。

Google 試算表的易用導引式按鈕和選單，是透過視覺化瞭解資料分析的良好途逕，在下一章進行更多以程式碼分析資料時，會發現亦可套用本章所學的概念：為正確的分析提供合適的資料視覺化。

8

進階的資料分析工具

使用 Jupyter Notebook

pandas 概述

在前一章知道利用簡單工具（例如 Google 試算表）就可以分析數千筆資料，從而識別機器人的活動，雖然 Excel 或 Google 試算表可以處理大量資料（Excel 超過 1 百萬列和 16,000 行的資料、Google 試算表可處理 40 萬個儲存格），但面對數百萬或數十億列的資料分析，這些工具就力有未逮了。

人們每天會撰寫數十億條貼文、推文、回應訊息和其他類型的線上資料，對於想要大規模調查人類上網行為的資料偵探來說，勢必要處理如此大量的資料，因此，需要熟悉可以處理大型資料檔的程式化分析工具，就算不是常態使用這些工具，瞭解每個工具的能力，對於工具的選用也會有極大幫助。

本章將學習使用 Python 讀取和探索資料，過程中會向讀者介紹更多與撰寫程式有關的工具和概念，並介紹如何建置 Python 的虛擬環境（virtual environment），這是一種在本地包含所需函式庫的應用方式；筆者還會展示如何使用 Jupyter Notebook 這套 Web 應用程式，可透過其使用者界面撰寫和修改程式、輸出執行結果以及顯示文字資料和圖表；最後，會安裝 pandas 這套 Python 函式庫，它可用來進行統計分析。與前面章節一樣，讀者可透過實際練習，由擷取和探索 Reddit 所提供資料來吸收本章的知識。

使用 Jupyter Notebook

之前章節是透過命令列界面（CLI）執行 Python 腳本程式，對我們來說，這是一種認識程式語言的便捷好方法。

但為了增進我們的 Python 技能，並開始使用更複雜的腳本，應該研究如何讓這些項目更易於管理、結構化和共享的工具，因為，當腳本變得又長又複雜時，要追蹤資料分析的每個步驟就更加困難。

此時，學習使用 Jupyter Notebook 將有所助益，Jupyter 是一套在本機電腦執行的開源 Web 應用程式，而它的畫面則顯示在 Chrome 之類的瀏覽器上，筆記紙（notebook）可以一次執行含有幾列程式碼的區塊，方便使用者漸進地調整、改進部分程式碼，這套 Jupyter Notebook Web 程式是由 IPython Notebooks 演變而來，建構之初是為了調和 Julia、Python 和 R 三種程式語言，故取名為 Jupyter(**Ju-Pyt-R**)，但此後已發展成支援數十種程式語言的執行環境。

各領域的資料科學家都有使用 Jupyter Notebook，包括為提高網站性能而努力工作者、研究人口統計學的社會學家，以及應用資訊自由法（FOIA）探索所取得資料的趨勢和異常信號之新聞從業人員。使用 Jupyter Notebook 有一個絕佳好處，就是許多資料科學家和研究人員將他們的筆記紙（通常伴有註解和詳細分析說明）放在 GitHub 之類的程式碼分享平台，使初學者更容易重作他們的研究。

建置虛擬環境

為了使用 Jupyter Notebook，需要藉由學習三個重要概念，將程式撰寫技能提高到更上一層水準。

首先，需要具備建立和應用虛擬環境的能力。要搞清楚虛擬環境可能不容易，且以大方向來審視其目的。

就像過去幾章所學到的，要使用函式庫時，就必須在 CLI 以命令進行安裝，每個函式庫都安裝到電腦上的預設目錄，除非將它移除安裝，不然會一直保留在該目錄。

對於剛開始使用，且只需一兩個函式庫的 Python 開發人員來說，這種應用方式或許足夠，但隨著成為老練的研究人員，為處理不同的任務，需要的函式庫會越來越多。某些任務可能需要將 PDF 文件轉換成文字的函式庫，其他任務或許需要可以擷取網站畫面快照的函式庫，隨著技能提升並負責更多不同專案時，預設目錄內安裝的函式庫越來越多，彼此間可能發生衝突，這時可利用虛擬環境來協助。

虛擬環境可以只安裝專案必要的函式庫，將它想像成為不同專案所建立的平行宇宙，可以在其中進行實驗而不會影響整個電腦環境。虛擬環境就像電腦內部的另一部電腦，讓你充份利用撰寫程式所需的函式庫功能，不必擔心它會影響電腦裡的其他專案。

雖然有許多第三方工具可以建立虛擬環境，但這裡是使用 Python 3 內建的虛擬環境工具。首先，建立一個名為「python_scripts」的專案資料夾，用來儲存 Jupyter 筆記紙，接著開啟 CLI，並將工作路徑切換到該資料夾。如第 3 章所示，在 CLI 變更路徑的命令是 cd，後跟著資料夾的路徑。若是將 python_scripts 資料夾儲存在 Mac 電腦的 Documents 資料夾之下，則在 CLI 中輸入以下命令，然後按 ENTER 鍵：

```
cd Documents/python_scripts
```

對於 Windows 電腦則執行：

```
cd Documents\python_script
```

進入專案資料夾後，Mac 使用者執行下列命令建立虛擬環境：

```
python3 -m venv myvenv
```

Windows 使用者則執行：

```
python -m venv myvenv
```

這裡為此命令做個說明，首先是告訴 CLI 要執行 Python 命令，在 Mac 是「python3」，在 Windows 則為「python」，然後利用 -m 命令選項 (flag) 指示 Python 3 載入指定的功能模組，這裡是載入「venv」這支虛擬機模組。透過 Python 的命令選項，使用者可以調用 Python 安裝在電腦裡的許多功能。

最後是為虛擬環境起一個名字，為簡單起見，此處命名為 myvenv，虛擬環境的名稱不能含有空格及檔案系統所不允許的特殊符號，若為了分隔文字，建議善用減號（-）、底線（_）或句點（.）。

此命令會在專案資料夾裡建立一個子資料夾，並以剛剛指定的虛擬環境名稱命名，本例即為 myvenv，此子資料夾即用來放置所安裝的函式庫。

好了！現在差不多可以在虛擬環境中工作了！虛擬環境已建好，使用前還需將它啟動（activate），就像按下電燈開關一樣，可以利用 CLI 命令開啟和關閉此虛擬環境。

如果還停留在 myvenv 的上層目錄（本例為 python_scripts），請以下列命令啟動虛擬環境（若不是，請先切換到正確目錄）。在 Mac 上，命令是：

```
source myvenv/bin/activate
```

在 Windows 上，命令為：

```
myvenv\Scripts\activate.bat
```

source 是 Mac 的內建命令，用來執行指定路徑的原始碼（source 命令也可以用句點取代，因此執行「. myvenv/bin/activate」也是一樣的，此處的原始碼路徑是 myvenv/bin/activate，表示指向到 myvenv 資料夾的 bin 子資料夾，然後執行該資料夾內的 activate 檔案來啟動虛擬環境。

成功執行此命令後，虛擬環境就啟動了！可以透過命令列判斷虛擬環境是否已啟動，如果提示符變成「（myvenv）」（含括號）就表示已啟動，要停用或關閉環境，只需輸入 deactivate 命令，「（myvenv）」提示符消失就表示虛擬環境已停用！

歡迎來到撰寫程式的新境界！現在已經瞭解如何建立和啟動／關閉虛擬環境，接下來就可以開始設置 Jupyter Notebook 了。

設置 Jupyter Notebook

重點是確保一切井然有序。雖然不必遵循特定的資料夾結構，仍建議盡早規劃輸入資料、筆記紙和輸出資料的結構，如此有助於防範日後發生錯誤。儘早養成良好習慣，比以後修正壞習慣要容易得多。

在專案資料夾（此例為 python_scripts）裡、myvenv 資料夾之外建立三個獨立資料夾：data、output 及 notebooks。data 資料夾用來儲存輸入資料，由 API 或網站所接收、下載或搜刮的待探索資料會放到此資料夾裡；還需要名為 output 的資料夾，用來儲存從分析結果所匯出的試算表，本書的習作不會建立試算表，但對資料分析人員而言，擁有 output 資料夾是一種良好的常規作法。在「處理系列和資料框」小節將介紹的 pandas 函式庫，有提供一支名為 .to_csv() 的易用函式，可根據分析結果建立 .csv 檔案，使用 Google 搜尋就能輕易找到這支函式庫。最後就是將 Jupyter 的筆記紙儲存在 notebooks 的資料夾。

可以在電腦上手動建立這些資料夾（或目錄），也可以有系統地使用 mkdir 命令來建立，為此，在 CLI 將路徑切換到專案資料夾（如果是在 myvenv 資料夾，請用「cd ..」移到上一層目錄）並輸入以下三列命令：

```
mkdir data
mkdir output
mkdir notebooks
```

mkdir 命令會建立指定名稱的目錄，上例即建立之前說明的三個資料夾。或者，可以在 mkdir 命令後面直接寫上三個資料夾名稱，彼此以空格分隔，如下所示：

```
mkdir data output notebooks
```

安裝 Jupyter 及建立第一張筆記紙

Jupyter 可以建立處理不同類型程式碼（如 Python 和 Markdown）的筆記紙，Markdown 常用在編排文件格式。由於 Jupyter 能夠讀取各種程式語言，因此，筆記紙可將 Python 程式的執行結果與格式化後的文字併排呈現，讓程式設計人員更易為其分析結果加注說明文字。

可以從網路下載 Jupyter Notebook，並像其他 Python 函式庫一樣，利用 pip 指令將它安裝到電腦上。要安裝 Jupyter Notebook，請開啟 CLI 並輸入下列命令：

```
pip install jupyter
```

之後，可在專案目錄裡以下列命令啟動它：

```
jupyter notebook
```

在 CLI 執行此命令後，Jupyter Notebook 會啟動本機伺服器（只對本機提供服務），並由預設瀏覽器（本書為 Chrome）開啟一個網頁。

圖 8-1 中可看到 Jupyter Notebook 的操作界面。

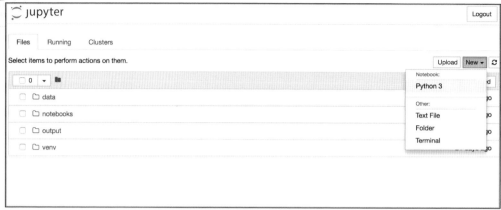

圖 8-1：Jupyter 的操作界面

可以由此界面切換到不同資料夾，並在其中建立檔案，以本習作
而言，請切換到 notebooks 資料夾，然後從右方的下拉選單選擇
「**New ▸ Python 3**」，如此便能在 notebooks 資料夾建立一張新筆記
紙，並將它開在新頁籤上。

Jupyter 的筆記紙看起來很像普通文字編輯軟體，具有完整的功能選單
及編輯工具，只不過是為 Python 開發人員量身定製的，至於它的絕妙
之處是利用單元格（cell）一次執行一段不同的 Python 程式區塊及顯示
其結果，也就是說，可以將完整的 Python 程式分割成多個單元格，再
分段執行。

在單元格內作業

馬上來試試！筆記紙預設會開啟一個單元格，它包括左方的提示文字
「In [ ]：」和一個可在裡頭輸入程式碼的編輯框，請在編輯框裡輸入
下列 Python 程式：

```
print("Hi")
```

選擇含有程式碼的單元格，然後點擊「**Run**」（執行）鈕（或使用 SHIFT+ENTER 快捷鍵），就會執行剛剛輸入編輯框的 Python 程式碼，此時，筆記紙的編輯框下方會印出程式執行結果，並建立第二個單元格，如圖 8-2 所示。

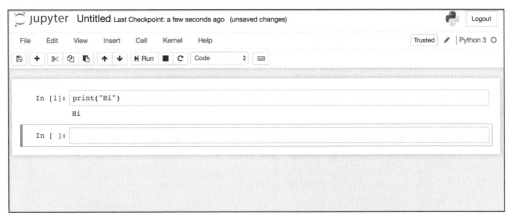

圖 8-2： Jupyter **筆記紙裡的兩個單元格**

恭禧你建立第一張筆記紙，並執行第一組 Python 程式區段（雖然只有一列）！

有件事要注意：Jupyter 執行編輯框內容後，單元格左側的提示文字之中括號不再是空的，由於這是在此筆記紙裡第一個被執行的單元格，所以中括號裡的數字應該是「1」。

如果在同一個單元格換上不同程式碼並執行，會發生什麼事？想知道就實際測試看看，將第一個單元格的程式碼刪除，重新於編輯框輸入下列程式碼：

```
print("Hello!")
```

現在，點擊單元格的左側區域來選取它（被選中的單元格最左側會出現藍色豎條），接著再點擊「**Run**」鈕來執行它。

在單元格底部應該顯示「Hello!」字串，就像之前的「Hi」一樣，但是現在單元格提示文字的中括號裡會變成數字「2」。如你所見，Jupyter Notebook 不僅追蹤單元格的執行情形，還會記錄它被執行的序號。

由於筆記紙中的程式碼分割成很多單元格，這種追蹤方式就非常重要，這與從頭到尾一次執行完畢的腳本不同，單元格可以不按順序，一次執行一格，透過追蹤機制，可以準確知道筆記紙裡哪些程式已經執行了、哪些尚待執行，可以有助於避免常見的 Jupyter 錯誤，像某個單元格的程式碼，引用尚未被執行的單元格裡所定義之變數。

與微軟的 Word 或 TextEdit 等文字編輯軟體類似，Jupyter Notebook 也在圖形界面提供許多出色的工具，功能圖示欄就可以執行許多操作，像儲存筆記紙（磁片圖示）、剪下單元格（剪刀圖示）、新增單元格（加號圖示）、將單元格向上移動（向上箭頭）或向下移動（向下箭頭）。

現在，已經具備在 Jupyter Notebook 單元格執行 Python 程式的基礎知識，但是當經歷重寫程式、重新執行、刪除或移動單元格來增進程式性能時，可能會發現筆記紙的記憶體裡留下許多「垃圾」，例如建立變數，但最後決定將它刪除，或保存了一些派不上用場的資料，這些「垃圾」會拖慢筆記紙的執行速度，那麼，如何在不破壞單元格裡的程式碼，清理筆記紙中執行過的所有 Python 程式所佔用之記憶體？

一個不錯的技巧，就是從 **Kernel** 功能表選擇「**Restart**」，它會清除之前所執行的程式碼以及單元格左側中括號裡的數字。如果重新執行某一單元格的程式，單元格應該顯示執行結果，並在中括號填入數字 1。

最後還有一個不錯的選項，可以按順序執行多個單元格內容，為了介紹這一點，要在筆記紙裡新增一個單元格，點擊加號（+）圖示，然後在第二個單元格輸入下列程式碼：

```
print("Is it me you're looking for?")
```

都到這個地步，何不再增加兩個單元格呢？其中一個輸入下列程式碼：

```
print("'Cause I wonder where you are")
```

另一個則輸入下列程式碼：

```
print("And I wonder what you do")
```

要依序執行這四個單元格，請選擇含有 print("Hello!") 的第一個單元格，由 **Cell** 功能表選擇「Run All Below」（下面的全部執行），將自動執行目前所選及以下單元格裡的程式，一直到筆記紙底部。如果其中某單元格執行錯誤，筆記紙會在該處中斷程式！

筆記紙可以執行多種任務，就這些基本步驟應該足以讓讀者探索 Jupyter Notebook 在資料分析上的應用，幾乎可以將腳本裡的程式碼搬到筆記紙上執行，甚至可以將本書前面所撰寫的腳本，拆分到幾個單元格裡，然後一次執行一個程式區塊。

既然已經瞭解如何使用 Jupyter Notebook 界面，接下來開始利用 pandas 來探索 Reddit 資料。

pandas 概述

到這裡為止，已經學到許多協助蒐集資料的函式庫，是到了學習資料分析的函式庫了。

進入 pandas

讀者應該猜到 pandas 函式庫與中國原生的可愛熊貓無關，此函式庫名稱的靈感實際緣自 panel data（面板資料）-- 由此函式庫開發者 Wes McKinney 所編排的時間序跨度量測資料集，專門用來處理大型縱向資料。Pandas 讓 Python 介接各種資料來源（包括 .csv、.tsv、.json，甚至 Excel 檔）、自行打造資料集，以及輕易完成資料集合併。

要讓 pandas 與 Jupyter 及其他函式庫一起合作，必須先使用 pip 安裝它。如果讀者按照前面介紹一路操作至此，筆記紙也還沒關閉，那麼 CLI 啟動的伺服器應該還在執行 Jupyter Notebook。判斷本機伺服器是否尚在執行 Jupyter Notebook，可以尋找帶有「I」字母、時間戳記及「NotebookApp」的字串，例如 **[I 08:58:24.417 NotebookApp]**。若要安裝 pandas，但不中斷本機伺服器，可以開啟新的 CLI 視窗或命令提示字元（讓執行伺服器的視窗維持開啟狀態！），將路徑切換到同一專案的資料夾，再次啟動虛擬環境，然後安裝新的函式庫。

完成上述步驟後，執行下列 pip 命令來安裝 pandas：

```
pip install pandas
```

完成函式庫安裝後，還需要將它匯入，回到 Jupyter 筆記紙，執行此操作的慣例是在單元格中鍵入 import 並執行它：

```
import pandas as pd
```

此 import 命令是匯入 pandas，並且以 pd 縮寫形式存取其功能，亦即，在整支程式中，可以使用 pd 代替 pandas 來調用此函式庫，因此，是使用 pd.Series([12,53,57])，而不是 pandas.Series([12,53,57])。這條 import 命令是許多資料分析人員匯入 pandas 的慣例用法，可以維持程式碼的整潔和易讀。

現在可以開始建立、讀入及維護一些資料結構了！

處理序列和資料框

序列（series）是 pandas 可載入的一種簡單資料結構，類似於資料清單（list）或陣列（array），在 pandas 中可以使用 Series() 函式建立序列型別的資料。

請在「import pandas as pd」所在的單元格下方加入新單元格，並輸入下列兩列程式：

```
❶ numbers = [12, 53, 57]
❷ pd.Series(numbers)
```

第一列程式是將 [12, 53, 57] 數字清單儲存到 numbers 變數 ❶；下一列程式使用縮寫形式 pd 叫用 pandas 函式庫，後面再接著句點（.）和 Series() 函式，然後將參數 numbers 傳遞給該函式 ❷，也就是利用 Series() 函式建立序列型別的資料物件，並將 numbers 清單的內容放入該序列物件中。這與第 4 章使用 Beautiful Soup 函式庫的函式類似，先利用自定的縮寫名稱引用該函式庫，然後藉由它的名稱存取其所提供的函式。

執行此單元格後，筆記紙應在該單元格下方顯示如下內容：

```
0    12
1    53
2    57
dtype: int64
```

這就是 pandas 的簡單資料序列，又稱作一維資料集，左欄是每筆資料項的索引（或位置），按慣例，索引由 0 開始，每筆資料索引以 1 遞增；右欄是實際的資料值。在序列最後面可看到以冒號分隔的 dtype（資料型別）和 int64（整數）。

NOTE 與 dtype: int64 類似，字串是標記為 object，浮點標記成 float64。還有其他資料型別，如代表日期和時間的 datetime64，不過，暫時還不需要它們。

序列資料也許是 pandas 裡最簡單的資料集，它只有一欄資料，每筆資料都只有一個值，但是，pandas 裡更常使用能處理多欄資料的二維物件：資料框（data frame）。可以將資料框視為被 Python 讀入的試算表，類似於 Excel 或 Google 試算表使用的工作表，但它可以容納更多資料，就像工作表一樣，資料框也具有座標：列標籤（索引〔index〕）和行標籤（欄號〔column〕）。

可以使用 pandas 內建的 DataFrame() 函式來建立資料框，在新單元格輸入下列字典資料和程式碼：

❶ numbers2 = {"one": [1.2, 2, 3, 4],
              "two": [4, 3, 2.5, 1]}
pd.DataFrame(numbers2)

和以前一樣，建立 numbers2 ❶ 變數來儲存資料，並將一組字典指定給它，字典的鍵名「one」有資料清單 [1.2, 2, 3, 4]；鍵名「two」有資料清單 [4, 3, 2.5, 1]，為了易於閱讀，筆者在這兩個字典項目之間加了一個換列符號，但不會干擾程式的執行。

由圖 8-3 可看出此段內容在 Jupyter 的呈現情形。

```
data = {"one" : [1.2, 2, 3, 4],
        "two" : [4, 3, 2.5, 1]}
```

```
pd.DataFrame(data)
```

	one	two
0	1.2	4.0
1	2.0	3.0
2	3.0	2.5
3	4.0	1.0

圖 8-3：兩個單元格及資料框以表格方式呈現

就像序列資料一樣，資料框的左側是索引，此資料框有兩欄資料，欄號名稱分別為「one」及「two」，欄號底下即為數值資料。

讀入和探索大型資料檔

資料集的大小和詳細程度各不相同，有些很容易理解，有些則非常複雜、龐大又不易操作，社群媒體資料尤其難以管理，線上使用者每日產生大量資料和內容，會有許多留言、評論和其他回應。

當處理來自社交平台、學者或其他檔管專業人員的原始資料時，複雜度可能還會更高，一般而言，研究人員收集的資料會比個案分析所需的資料還多，畢竟，面對不確定的專案目標和範圍，整體性的大型資料會比逐次收集而來的小型資料集更容易應付各式問題。

由於 API 的限制，研究人員、新聞從業人員和其他分析人員可能很難追蹤媒體的操控行為、網路酸民的霸凌行為或其他短期的網路熱門議題，舉個例子，當時國會發布操縱 2016 年美國大選的俄羅斯特務之推特帳號及和臉書名稱，現在這些帳戶已被清除，研究人員無法繼續對它們進行追蹤和檢驗。

為解決這個問題,各種機構和個人開始蒐集和儲存社群媒體的資料。例如,網際網路檔案館(Internet Archive:https://archive.org/)按月擷取資料,已在它伺服器上託管數百萬條推文,研究人員可將它們應用於語言分析或其他分析,也有學者們蒐集保存臉書的訊息,以便解析如緬甸的穆斯林仇恨蔓延現象。

儘管這些努力對於實證研究非常有幫助,但對於像我們這樣的資料偵探,面對這些資料仍然存在一些挑戰,通常,在對資料進行有意義的分析之前,必須花費大量時間去研究、探索和解析。

接下來的幾頁裡,讀者將學習如何讀取和探索大型的資料檔,本章及之後的章節將研究資料檔管專業人員 Jason Baumgartner 提供的 Reddit 資料,他認為將社交平台資料提供給學者和其他研究人員是很重要的。這份資料包含 2014 至 2017 年間,人們在 Reddit 論壇的 r/askscience(科學類)看板(subreddit)所詢問與科學有關的問題,本章其餘部分將藉由 pandas 來瞭解這份資料集的結構和大小,此份資料集可從下列網址取得:https://archive.org/details/askscience_submissions/。

下載資料後,請放到正確的資料夾裡,此處,就是之前在專案目錄下所建的 data 資料夾。

然後,前往新開的 Jupyter 筆記紙。按照慣例,第一個單元格仍應包含「import pandas as pd」命令,因為所有 import 敘述句需優先執行,下一個單元格,請以下列指令載入 data 資料夾裡的 .csv 試算表:

```
reddit_data = pd.read_csv("../data/askscience_submissions.csv")
```

reddit_data 是用來儲存要所讀入的 Reddit 資料之變數，利用等號（=）將 pandas 的 read_csv() 函式所建立的資料框指定給這個變數，read_csv() 函式以資料檔的路徑作為參數（通常是 .csv 檔，但 read_csv() 也可以處理 .tsv 和 .txt 檔案，只要欄位間以逗號、定位符（Tab）或其他一致的符號分隔），此參數必須是字串。由於是在筆記紙中執行命令，路徑必須反映資料檔與筆記紙檔案的相對關係，兩個句點和正斜線可以將路徑指向目前資料夾（notebooks）的上一層資料夾，即本例的專案資料夾（python_scripts），接著再指向 data 資料夾，它保存著待載入的 askscience_subsmissions.csv 檔案。[*]

> **NOTE** 此資料集大小超過 300MB，可能需要幾秒鐘才能載入完成，在筆者電腦約花費 10 秒鐘。

一旦執行此單元格的程式，pandas 會建立一個儲存在 reddit_data 變數裡的資料框。

檢視資料

這和 Excel 或 Google 試算表之類的程式不同，Excel 或 Google 試算表是為了讓使用者以圖形化界面維護資料而開發的，然而，pandas 通常不會一次顯示整個資料框，讀者可能注意到剛才 pandas 並沒有輸出資料，這是因為將 read_csv() 的執行結果指定給變數，所以是執行儲存動作，而不是回應或列印。

如果執行該函式，但沒有將回傳結果指定給變數，或執行存有 reddit_data 變數的單元格，就會看到一段資料。雖然這種截斷輸出的作法，一開始會令人感到不適應，卻可以為電腦節省很多計算資源，在開啟幾十萬筆的檔案時，依據資料的複雜程度，某些軟體可能執行速度變慢，甚至當機，因此，pandas 不顯示完整的資料框，就能夠更有效地處理大型資料集。

---

* 譯註：在譯者環境（macOS），依本章「建置虛擬環境」小節方式啟動虛擬環境時（在專案目錄執行：source myvenv/bin/activate），發現它的工作目錄停留在專案目錄（python_scripts），因此，載入 Reddit 的路徑須修改為「data/askscience_subsmissions.csv」，即刪除最前面的兩個句點和正斜線「../」。

既然不會完整顯示資料框，就需要有一種可讀取資料集不同部分的方法，真要感謝 pandas 的開發人員，有一些便捷功能可輕鬆完成此操作。

要查看資料集的前幾列，可以使用 head() 函式，此函式只需要一個整數參數，若不指定參數，預設為 5，若想查看前 10 筆資料，則可以在單元格執行下列程式：

```
reddit_data.head(10)
```

在此命令中，首先調用保有 .csv 資料之 reddit_data 變數，然後由此資料集變數呼叫 head() 函式，Jupyter Notebook 顯示結果如圖 8-4 所示。

```
In [4]:  ask_science_data.head(10)
```

	approved_at_utc	archived	author	author_cakeday	author_flair_css_class	author_flair_text	banned_at_utc	brand_safe	can_gild	can_mod_post
0	NaN	True	vertexoflife	NaN	NaN	NaN	NaN	NaN	NaN	NaN
1	NaN	True	[deleted]	NaN	NaN	NaN	NaN	NaN	NaN	NaN
2	NaN	True	SwoccerFields	NaN	NaN	NaN	NaN	NaN	NaN	NaN
3	NaN	True	[deleted]	NaN	NaN	NaN	NaN	NaN	NaN	NaN
4	NaN	True	[deleted]	NaN	NaN	NaN	NaN	NaN	NaN	NaN

圖 8-4：顯示此資料框的前十列內容

若要查看資料框的最後 10 筆，可以使用 tail() 函式，其參數結構與 head() 相同：

```
reddit_data.tail(10)
```

執行含此程式的單元格後，會看到與 head() 函式相似的結果，只是顯示內容為資料集的最後 10 筆資料。

雖然無法一次看到整個資料集，但目前並不那麼重要。記住，現在正要逐步瞭解你的資料集，也就是要知道每欄的名稱和資料類型，查看資料集的前 10 列或後 10 列，肯定有所助益。

另外，應該也發現須橫向捲動螢幕，才能看到資料集的每欄內容，是有點麻煩，幸好有些內建工具可用來幫助匯整資料集的各部分。

可以利用轉置（transpose）功能將欄及列對調顯示，即把直向的欄資料，改成橫向顯示，原本由上往下的每筆清單，將改成由左向右顯示。轉置功能基本上是輸出資料框時，以左上到右下的軸線將資料框翻轉 180 度，想要以轉置方式顯示資料集，只要在變數後面加上「.T」屬性，如下所示：

```
reddit_data.T
```

要取得所有欄位名稱的清單，可以透過 columns 屬性：

```
reddit_data.columns
```

要取得資料框的所有資料型別之摘要資訊，可使用 dtypes 屬性：

```
reddit_data.dtypes
```

最後，可以使用 Python 的傳統方式查尋資料框筆數。還記得在第 1 章的互動執行環境用來顯示訊息的 print() 函式嗎？曾經透過它及 len() 函式找出字串的長度或清單的成員數量，這裡一樣可以用這招查看資料框的大小：

```
print(len(reddit_data))
```

程式碼看起來有點複雜，但內涵其實很單純，把保存資料框的 reddit_data 變數當作 len() 函式的參數，len() 就會計算此資料框的長度（也就是有幾列資料）。若在單元格裡單獨使用 len() 函式，在它底下沒有跟著其他程式時，才會顯示其計算結果，將 len() 放在 print() 函式裡，可確保單元格會顯示 len() 的計算結果，開發期間，這樣做是一種好習慣。

應該可以看到結果是數字「618576」，代表此資料框的資料筆數（列數）。

如果執行相同的函式，但將 reddit_data.columns 作為參數傳遞給 len()，就可以取得資料框欄位數：

```
print(len(reddit_data.columns))
```

這列指令會計算此資料框的欄位清單之長度，此資料框共包含 62 個不同欄位，若將 62 欄資料乘以 618,576 列，會發現我們正在處理約 4 千萬個資料（可想成 4 千萬個儲存格），歡迎來到大數據聯盟！

檢視特定的列和行

現在已經知道此資料框的結構，也就是俯看資料框裡的內容，但若想進一步檢視特定部分的資料，又該如何處理？那就是中括號（[]）該出場的時機了！

在保存資料框的變數加上中括號，就可以選擇（或稱索引）不同的資料子集，例如，要查看某一欄的資料，就可以將欄名稱以字串形式加到中括號裡，像下列程式以欄位名稱「title」來選擇資料：

```
reddit_data["title"]
```

這樣就可以只關注 Reddit 貼文的標題部分之值。

有趣是，單獨執行時會呈現該欄的資料內容，但也可以利用它將欄位內容儲存到指定的變數中，如下所示：

```
all_titles = reddit_data["title"]
```

也可以將欄位清單指定給某個變數，藉由此變數查看資料框中的多個欄位內容：

```
column_names  = ["author", "title", "ups"]
reddit_data[column_names]
```

首先建立 column_names 變數用來儲存欄位名稱的字串清單，要記住，每個欄位名稱必須與資料框的欄位名稱吻合，包括字母的大小寫，然後，再將此清單變數置於資料框變數的中括號裡，就樣就可以只顯示這幾欄的內容。

當然，也有分離每一列資料的方法，如本章前面所述，每一列資料都有一個索引編號，作用類似標籤，pandas 預設為每列指定一個整數值作為索引（也可以為每列指定客製的索引標籤）。利用資料框的「iloc[]」方法，在中括號裡置入索引編號就可以取得該列的資料清單，這種索引方式的程式設計術語為：整數定位索引（integer-location-based indexing），例如：

```
reddit_data.iloc[4]
```

在單元格中執行上列程式，應該會看到資料框的第五筆資料（前面提過，索引編號從 0 開始計數）。

最後，可以將欄、列的索引方式結合起來，例如，想查看第 5 列的「title」欄資料，就可以這樣做：

```
reddit_data["title"].iloc[4]
```

這裡只介紹幾種瞭解資料框的方法，可想而知，處理一張含有數百萬個值的大型試算表，確實是一件大工程。

掌握所有基礎知識之後，是可以開始學習如何進行資料計算了。

本章小結

現在，看過如何探索大型資料集，這是資料分析的重要一步，只有瞭解資料本質（內容、格式和結構），才能找到分析其含義的最佳策略。

下一章將繼續在 Jupyter Notebook 上作業，研究向資料集提出問題的方法。

9

找出 REDDIT 的資料趨勢

有些社交平台資料結構是以量化形式枚舉人類行為，而有的則為質化特性。例如，可以藉由計算 Reddit 貼文的按讚（Upvote）數來衡量其受歡迎程度，因此，可以進行簡單的彙計（aggregate），像是在特定時段收到的按讚數之平均數或中位數。然而，Reddit 資料的其他部分可能很難以量化方式彙計，比如，評論文字的內容和風格可能千差萬別。

歸納人們談論的內容及以什麼形式談論，遠比計算諸如按讚數之類的參與指標平均值要困難得多，但要對社交平台資料進行有意義分析，就需要處理這兩類資訊，學習如何執行這些操作可能會有相當益處，因為能夠探索人類（以及偶爾出現，但可能越來越頻繁的機器人）之行為、思想和反應。

本章將說明如何處理質化（或稱定性）和量化（或稱定量）資料，藉由分析第 8 章提到的 r/askscience（科學類）看板資料，並從資料集中提出針對性的問題，來探索人們受疫苗接種主題之吸引程度。

首先，利用搜尋這個看板裡頭，帶有 vaccin 詞幹（如 vaccinate 和 vaccination）的貼文內容，進一步理解如何處理文字型資料，接著比較有關疫苗類（vaccine）與非疫苗類（non-vaccine）貼文的參與指標（結合評論貼文數和按讚數）。

闡明研究目標

本章將使用 Reddit 論壇上最受歡迎的 r/askscience 看板之線上對話，評估使用者參與疫苗接種討論的積極性，r/askscience 是供使用者提問及回答科學有關問題的分類看板。

儘管 Reddit 的使用者並不能代表美國的全部人口，但仍能藉由疫苗接種主題的對話與此平台的其他主題之比較，瞭解大家對疫苗接種的參與度，就像檢驗社交網路一樣，此處的關鍵是要確認並理解所檢查的每個資料集之特殊性。

首先問一個非常基本的問題：提交的貼文中有 *vaccination*、*vaccine* 或 *vaccinater* 單字的筆數，是否比不含這些單字的筆數多？

簡述研究方法

分析步驟如下：

1. **篩選資料並將它分為兩個資料框：**第一個資料框是提交內容帶有 vaccine、vaccinate 或 vaccination 的所有貼文；第二個資料框是內容未提及前述單字的貼文，作為第一個資料框的對照組。

2. **在每個資料框上進行簡單的計算：**藉由計算參與度計數（engagement counts）的平均數及中位數取得比較基值，可以比較容易理解 r/askscience 資料的每個子集，及為研究的問題制訂答案標準。此分析的參與度計數由評論貼文的筆數和按讚次數加總而得。

在此說明一下本節會講到的術語。

平均數：取得資料集裡的所有值，將這些值加總，再將加總的結果除於值的個數；

中位數：在整個資料集裡，出現在中間位置的數值，為了找出中位數，需要先排序資料集裡的值（由小至大或由大到小），排序後，中位數就是恰好位於中間位置的值，若有偶數個值，則取中間兩個位置的值之平均。

平均數和中位數均為集中趨勢量數，可以藉由檢驗這些指標來評估資料集趨勢，對於離群值（outlier）不多的大型資料集，平均數是衡量集中趨勢的好方法，反之，若離群值比例較高的資料集，利用中位數可以得到更好的量測結果，本章的分析將同時使用這兩種量測方法。

縮小資料範圍

就算只查看 Reddit 單個看板的貼文數，資料量仍然非常多，雖然盡可能從完整資料集下手是很重要，但根據專案目標篩選資料，可以提供更好、更整潔的資料概覽，還可以減少每次運算所花的時間。

本章也說明母體和取樣資料的概念。**母體：**即整個群組的資料集，本章的群組即指 2014 至 2017 年之間在 r/askscience 看板發布的所有貼文；**取樣資料：**顧名思義，就是資料集的子集或樣本。本習作將有兩個子集，一個是與疫苗接種有關的貼文組成（後面會定義），另一個由其他貼文組成，我們將對這兩個資料子集進行分析與比較。

這裡會使用第 8 章建置的虛擬環境和 Jupyter Notebook 專案，接下來的練習打算由現有的筆記紙繼續擴充，將繼續延用該筆記紙已建立的變數。

選擇特定欄位的資料

要為此任務篩選資料，首先是將資料集縮減到只與分析相關的欄位，接著濾掉不當的樣本，例如含有 null（空值）的紀錄。

先從選擇所需的欄位開始，我們在意兩種不同類型的資料：貼文標題（提交到 r/askscience 的文字），以及對此貼文的回應。如前一章所介紹的，利用下列程式即可得到欄位名稱的清單：

```
ask_science_data.columns
```

執行後應該顯示一組字串清單，每個字串代表一個欄位名稱：

```
Index(['approved_at_utc', 'archived', 'author', 'author_cakeday',
       'author_flair_css_class', 'author_flair_text', 'banned_at_utc',
       'brand_safe', 'can_gild', 'can_mod_post', 'contest_mode', 'created',
       'created_utc', 'crosspost_parent', 'crosspost_parent_list',
       'distinguished', 'domain', 'edited', 'from', 'from_id', 'from_kind',
       'gilded', 'hidden', 'hide_score', 'id', 'is_crosspostable',
       'is_reddit_media_domain', 'is_self', 'is_video', 'link_flair_css_class',
       'link_flair_text', 'locked', 'media', 'media_embed', 'name',
       'num_comments', 'over_18', 'parent_whitelist_status', 'permalink',
       'pinned', 'post_hint', 'preview', 'quarantine', 'retrieved_on', 'saved',
       'score', 'secure_media', 'secure_media_embed', 'selftext', 'spoiler',
       'stickied', 'subreddit', 'subreddit_id', 'subreddit_type',
       'suggested_sort', 'thumbnail', 'thumbnail_height', 'thumbnail_width',
       'title', 'ups', 'url', 'whitelist_status'],
      dtype='object')
```

如上所示，共有 62 個欄位名稱，為了方便分析，對我們而言，只需保留儲存貼文標題的「title」欄、按讚數的「ups」欄和貼文評論數的「num_comments」欄。

如前一章所做一樣，可以使用中括號來選擇資料集中的特定欄位，請確認第 8 章所寫的筆記紙還在，且已執行過上面的每個單元格，（記得嗎？已執行過的單元格，左方的中括號內應該有一個數字），接著將清單 9-1 的內容輸入到最下方單元格的編輯框裡：

```
columns = ["title", "ups", "num_comments"]
ask_science_reduced = ask_science_data[columns]
```

清單 9-1：從資料集中選擇幾欄資料

首先建立 columns 變數，並將帶有 title、ups 及 num_comments 的字串清單指定給它，此清單中的字串代表要從資料集篩選的欄位資料之標題，請確保每個欄位名稱的字串都與資料集的欄位標題完全相符（包括字母的大小寫、符號及拼字），只要有一丁點失誤，就會中斷 Python 腳本的執行。

下一列程式則建立儲存較小資料框的 ask_science_reduced 變數，該資料框只包含 columns 變數所指定的欄位資料。這裡並沒有像之前在中括號裡直接加入單個字串，而是放入 columns 變數，將整個清單放到中括號裡，而不是使用單獨的字串，這樣可以選擇更多欄位。

既然已經將資料縮減為特定幾欄，接著就要濾掉帶有不當內容的資料列。

處理空值

在大型、不一致的資料集中，某些列或儲存格可能不包含任何資料，這些「空」儲存格沒有任何值，或者以某種佔位符（placeholder）代替「空值」，至於使用哪些佔位符，則由設計此資料結構的機構或人員決定，幸運的話，記載資料集的內容、結構和格式之資料字典會有佔位符應用說明，否則，就要自行找出規則，最差的情況下，就只能根據欄位名稱，憑經驗猜測（還好，我們認識收集此資料的人，可以直接請教他）。

在剖析資料時，我們將這些空儲存格稱為空值（null value），在 Python 的互動環境或其他界面輸出空值時，會以「None」表示，在 pandas 則可能標記為「NaN」（代表非數值），資料框的紀錄會將「NaN」做為沒有值的欄位之佔位符。

在收集社交平台的資料時，面對使用者選填的欄位，空值的現象司空見慣，例如，收集發布到臉書 (Facebook) 的影片之鏈結欄位，它只會保存使用者真正發布影片的值，對於不包含影片的貼文，資料集的儲存格就沒有值，可能以佔位符（如 "no video" 字串）代替，或將儲存格留空，表示該儲存格是「None」。

問題是佔位符、None 及 NaN 值可能造成分析錯誤，使用函式或計算時，腳本會依指令計算數值，直到出現空儲存格為止，這裡將介紹兩種處理空值的方法，以因應不同的資料分析需求，一種從分析資料中完全濾掉有空值的紀錄（筆數會減少）；另一種是保留完整資料集，但用 0 取代空值。

濾掉含空值的紀錄

如果特定的一欄含有空值，可以選擇從資料集排除該筆紀錄，使用 pandas 函式庫的 dropna() 函式可以輕易完成此工作，清單 9-2 的程式碼會根據指定的欄位是否包含「NaN」值，決定要不要濾掉該筆資料。

```
ask_science_dropped_rows = ask_science_reduced.dropna(
    subset=["ups", "num_comments"])
```

清單 9-2：當特定欄位含有 NaN 值時就濾掉該筆資料

在沒有指定任何參數的情況下，dropna() 函式會過濾資料框的所有紀錄，不過，dropna() 函式也可以附帶參數，如此例的 subset 參數，會告訴 pandas 僅在 ups 和 num_comments 欄位有 NaN 值時，才濾掉該筆紀錄。如果不傳遞任何參數給 dropna() 函式，則 pandas 會尋找所有欄位，只要有一欄是空值，該筆紀錄就會被 pandas 濾掉。

在空值欄位填入合理值

為了交待 NaN 值，又要保留資料框的每一筆紀錄，可以使用 fillna() 函式將指定的字串或數字填入空儲存格，而不是刪除紀錄。清單 9-3 使用 fillna() 函式將 num_comments 欄位的空儲存格填入數字「0」：

```
ask_science_data["num_comments"] = ask_science_data["num_comments"].fillna(value=0)
```

清單 9-3：用 0 填充空儲存格

在 fillna() 函式的括號內，將 0 指定給 value 參數，這段程式碼會用修改後版本直接取代 num_comments 欄位裡的 NaN 值。

要濾掉空值紀錄或是填充空值，取決於資料集以及如何回答研究的問題，例如，想要計算整個資料集的評論數之中位數，為了安全起見，或許該詢問空值是否代表該筆貼文沒有收到任何評論，如果是，則可以先用 0 填充空值，再進行相關的計算。

依據是否包含空值或空儲存格的筆數，評論數的中位數可能大相逕庭，然而，因為此資料集的評論數及按讚數，有時記載 0，有時記載空值，不能擅自假設這些空值等同 0，如果空值代表 0，則可以合理假設資料集不會包含實際為 0 的值。反之，也許是副本資料無法抓取這些欄位的資料，可能是貼文被蒐集之前這些資訊就被刪除了；或者這些指標只在某些年度被貼文採用，其他年度就不見了。因此，為了方便練習，應該使用完整的資料，而濾掉 ups 或 num_comments 欄位裡沒有值的資料紀錄，就像清單 9-2 的程式碼所示。

分類資料

下一步是根據疫苗接種的研究議題來篩選資料，需要對疫苗接種的 Reddit 貼文進行分類。

這裡將簡化分類方式，處理大資料集時，這是必要步驟，因為讀取及闡釋每篇貼文是非常耗費人力的，就算可以僱用大量人員閱讀和解釋每篇貼文（針對自由書寫內容的專案，這種作法並不少見），也很難確保每個人對語詞做出一致的解釋，因此很難以標準、可識別的方式完成分類。

在此範例中，將以某種型式限制只取樣包含 vaccinate 或 vaccination 單字的貼文，專門尋找任何包含「vaccin」的標題，稱為詞幹提取，詞幹是單字變形中常見部分。或許子資料集無法涵蓋有關疫苗接種的每篇文章，但這種方法可以簡化研究議題。

這裡將從建立一個布林（Boolean）型別的新欄位下手，貼文標題若包含「vaccin」字串，就在欄位中填入 True，否則，填入「False」，清單 9-4 是建立此欄位的程式碼：

```
ask_science_dropped_rows["contains_vaccin"] = ask_science_dropped_rows["title"].str.
contains("vaccin")
```

清單 9-4：根據某欄是否存在特定字串來篩選紀錄

在等號左邊，利用中括號建立名為「contains_vaccin」的新欄位；等號右邊使用函式串接型式，首先，利用中括號從資料集選擇「title」欄，然後在該欄上調用 str() 函式將值轉換為字串，以便利用 contains() 函式判斷是否包含「vaccin」。

整個函式串鏈的結果是一個布林值，如果貼文的標題包含「vaccin」，就回傳「True」，反之，回傳「False」，最後，會有個僅包含「True」或「False」的新欄位 contains_vaccin。

現在子資料集多了一個供篩選紀錄用的欄位！請在筆記紙的新單元格執行清單 9-5 的程式碼：

```
ask_science_data_vaccinations = ask_science_dropped_rows[ask_science_dropped_
rows["contains_vaccin"] == True]
```

清單 9-5：依照指定條件值篩選資料

讀者應該熟悉這段程式語法，注意右側括號的內容，這裡是使用條件式「ask_science_data_dropped_rows["contains_vaccin"] == True」，而不是欄位標題，這是告訴 pandas 檢查紀錄的 contains_vaccin 欄位值是否等於 True。若要將不包含「vaccin」的紀錄篩選到另一個子資料集，可以將條件值改為「False」，如下式：

```
ask_science_data_no_vaccinations = ask_science_dropped_rows[ask_science_dropped_
rows["contains_vaccin"] == False]
```

現在已經完成資料篩選，再來是查詢這些資料集，看看是不是能夠挖到什麼有趣的內幕。

彙計資料

為確定含有 vaccination、vaccine 或 vaccinate 等變形單字的 r/askscience 貼文參與程度，是否比不含這些單字的貼文參與程度高，將檢視貼文的參與度計數（由貼文的按讚數和評論數加總而得）。

> **NOTE** 有很多方法可以回答這個問題，但認清事實很重要，如前所述，本書嘗試以適合初學者的角度進行計算和分析，亦即，只會使用簡單數學計算，式子或許不是那麼優雅，但已足以說明常用的 pandas 基礎方法，初學者應能夠以此基礎，繼續學習更多有關此函式庫的使用技巧。

排序資料

首先建立記錄每筆資料的按讚數和評論數總和的新欄位，使用 pandas 可以輕鬆完成這項任務，程式碼清單 9-6 所示。

```
ask_science_data_vaccinations["combined_reactions"] = ask_science_data_
    vaccinations["ups"] + ask_science_data_vaccinations["num_comments"]
ask_science_data_no_vaccinations["combined_reactions"] = ask_science_data_
    no_vaccinations["ups"] + ask_science_data_no_vaccinations["num_comments"]
```

清單 9-6：將兩欄的值加總到另一個欄位

這裡，在兩個資料框各別建立名為「combined_reactions」的新欄位，並將每筆紀錄的「num_comments」和「ups」欄位值加總後指定給新建的欄位，執行這兩列程式時，可能出現「SettingWithCopyWarning」的警告訊息，從它的文字來看，這是警告而不是錯誤（縱使紅色背景看起來有點恐怖）。

錯誤和警告之間的區別是，錯誤會中斷程式執行，而警告只是提醒我們仔細檢查程式碼的執行結果是否如預期。就本書內容，將按讚數加上評論數的結果存到新欄位，正是我們想要的功能。如果讀者對這段希望你進一步檢查程式碼的訊息感到好奇，可參閱：

http://pandas.pydata.org/pandas-docs/stable/user_guide/indexing.html。

當載入存有此份分析資料的 .csv 檔案時，並沒有指定每個欄位的資料型別（以 pandas 的參數方式提供），如果未指定欄位的資料型別，pandas 會根據內容自動詮釋欄位的資料型別（有時同一欄的內容可能被轉換成不同型別！）。關於 pandas 資料型別的更多資訊，可參閱 https://pandas.pydata.org/pandas-docs/stable/generated/pandas.read_csv.html 裡的 dtype 項。

已經將取得的參與度儲存到新欄位裡，現在就使用 sort_values() 函式對這個值進行排序，程式碼如清單 9-7 所示。

```
ask_science_data_vaccinations.sort_values(by="combined_reactions", ascending=False)
ask_science_data_no_vaccinations.sort_values(by="combined_reactions",
  ascending=False)
```

清單 9-7：使用 sort_values() 函式排序資料框

顧名思義，sort_values() 用來排序資料集，此處傳遞兩個參數給函式，by：通知 pandas 按哪一個欄位內容排序；ascending：指示排序方式為升冪（True）或降冪（False），清單 9-7 的程式碼是傳遞 False 給 ascending，表示由大到小排序。

圖 9-1 是 ask_science_data_vaccinations 資料框依照 combined_reactions 欄位排序的部分結果。

	title	ups	num_comments	contains_vaccin	combined_reactions
177230	I keep hearing about outbreaks of measles and ...	3621.0	662.0	True	4283.0
133287	Why are we afraid of making super bugs with an...	2377.0	548.0	True	2925.0
143663	Psychologically speaking, how can a person con...	1775.0	461.0	True	2236.0
82615	If unvaccinated people are causing outbreaks, ...	619.0	146.0	True	765.0
10563	How are combined vaccinations established? Who...	510.0	56.0	True	566.0
174803	Is the rise in Measles cases the result of the...	387.0	58.0	True	445.0
180101	Is Mercury all that bad for you? Why is it pre...	312.0	78.0	True	390.0
87383	Could you acquire a vaccination through a bloo...	304.0	55.0	True	359.0
412308	Why are vaccines mostly limited to providing i...	199.0	58.0	True	257.0
475068	How are infectious organisms "weakened" for li...	210.0	31.0	True	241.0

圖 9-1：Jupyter Notebook 顯示 ask_science_data_vaccinations 資料框按合併後的參與度排序之部分結果

圖 9-2 顯示 ask_science_data_no_vaccinations 資料框的部分結果。

	title	ups	num_comments	contains_vaccin	combined_reactions
477896	If we could drain the ocean, could we breath o...	18789.0	1018.0	False	19807.0
456459	If we detonated large enough of a nuclear bomb...	11690.0	1353.0	False	13043.0
461793	In terms of a percentage, how much oil is left...	9305.0	1624.0	False	10929.0
457979	How do you optimally place two or more Hot Poc...	9308.0	936.0	False	10244.0
457573	Carbon in all forests is 638 GtC. Annual carbo...	8856.0	834.0	False	9690.0
350040	Gravitational Wave Megathread	6778.0	2799.0	False	9577.0
455717	Why do flames take a clearly defined form, rat...	9109.0	344.0	False	9453.0
478215	If my voice sounds different to me than it doe...	8657.0	511.0	False	9168.0
471827	If fire is a reaction limited to planets with ...	8099.0	876.0	False	8975.0
465628	In this gif of white blood cells attacking a p...	8155.0	639.0	False	8794.0
474089	With today's discovery that hydrogen and anti-...	8227.0	467.0	False	8694.0
466870	Why are snowflakes flat?	7809.0	397.0	False	8206.0
475647	If you had a pinhole camera with an aperture t...	7680.0	427.0	False	8107.0
463366	How does radio stations transmit the name of t...	7198.0	738.0	False	7936.0
340964	Planet IX Megathread	5340.0	2495.0	False	7835.0

圖 9-2：Jupyter Notebook 顯示 ask_science_data_no_vaccinations 資料框按合併後的參與度排序之部分結果

誠如圖 9-1 及圖 9-2 所示，非疫苗接種資料框中的最高參與度（19807）遠比疫苗接種資料框的最高參與度（4283）高得多，就算比較這兩個資料集的貼文之前十大參與度，情況也一樣，不含「vaccin」詞幹的貼文之前 10 大參與度比含「vaccin」詞幹的貼文之前 10 大參與度，還是高出許多，因此，分別將 r/askscience 的兩個子資料集之前 10 大參與度加總，可以得出結論：疫苗接種並沒有比非疫苗接種的主題得到更多關注。

但是這裡有個問題，只檢驗前 10 大參與度的貼文，排序及篩選資料集內容，可以容易理解研究目標，但它僅呈現大型資料集的少量極值，只看到結果的冰山一角。下一節將進一步介紹分析資料的不同方法。

說明資料的意義

mean() 函式是彙計資料摘要的常用方式之一，程式碼如清單 9-8 所示。

```
ask_science_data_vaccinations["combined_reactions"].mean()
```

清單 9-8：mean() 函式的用法

此處利用 mean() 函式找出 combined_reactions 欄位的平均數，在單元格中執行清單 9-8 的程式碼，應該得到如下數值：

```
13.723270440251572
```

現在為 ask_science_data_no_vaccinations 資料框執行相同的程式碼，將資料框名稱修改如下：

```
ask_science_data_no_vaccinations["combined_reactions"].mean()
```

應該得到下列結果：

```
16.58500842788498
```

從這些數值可知，不含「vaccin」詞幹的貼文之參與度平均數高於含「vaccin」詞幹的貼文之參與度平均數，再次證實上一節的結論：與疫苗接種有關的貼文之參與度較少，疫苗接種主題並沒有引起更多 Reddit 使用者的關注。檢視整個資料集的平均數，而非單單觀察前十大參與度計數，仍然支持上一節的結論。

平均數只是彙計摘要值的方法之一，也可以在 pandas 中使用 describe() 函式一次查看多個指標，如清單 9-9 所示。

```
ask_science_data_vaccinations["combined_reactions"].describe()
```

清單 9-9：利用 describe() 函式查看多個指標

在單元格執行清單 9-9 的程式碼，會返回各種統計的摘要：

```
count    1272.000000
mean       13.723270
std       162.056708
min         0.000000
25%         1.000000
50%         1.000000
75%         2.000000
max      4283.000000
Name: combined_reactions, dtype: float64
```

此摘要包括：資料筆數（count）、平均數（mean）、標準差（std）、最小值（min）、第 1 四分位數（25%）、第 2 四分位數或稱中位數（50%）及第 3 四分位數（75%），以及最大數（max）。

將相同的函式應用在 ask_science_data_no_vaccinations 資料框，程式碼如下：

```
ask_science_data_no_vaccinations["combined_reactions"].describe()
```

在單元格中執行上列程式碼，應該得到如下內容：

```
count    476988.000000
mean         16.585008
std         197.908268
min           0.000000
25%           1.000000
50%           1.000000
75%           2.000000
max       19807.000000
Name: combined_reactions, dtype: float64
```

可看到兩個資料框的中位數是相同的，這是另一種衡量貼文參與度的方法，但是在這裡，用平均數比較貼文參與度可能較佳，因為，兩個資料集的中位數都是 1，並無法明確區分兩個資料集的參與度之差別。

最後，對於剛剛所做的各種分析，在說明其研究結果時，相關背景資訊是重要的，提供中位數和平均數給觀看研究結果的人可能會有所幫助，但清楚、完整地告知處理資料的所有程序也至關重要，資料分析的前因後果必須被瞭解，不是只提供有關資料範圍內的資訊（已在第8章說明），也應該簡述如何進行資料分類（這裡是以 vaccination 及 vaccinate 的詞幹進行篩選）以及其他有助於觀察的各種背景資訊。

這些觀察之一可能是研究子資料集的分佈情形，如前所述，平均數和中位數的目的在量測資料集的集中趨勢，但在這個例子，它們的效果天差地別，兩個子資料集的參與度計數之中位數均為 1，而疫苗接種與非疫苗接種的資料集之參與度平均數分別約 13 與 16，通常這種不一致的情形，會促使我們進一步檢查資料集的分佈（第 7 章已簡要介紹資料集分佈的概念）及一些不尋常的特徵，例如，兩個子資料集的中位數都是 1，可以大膽假設：兩子資料集至少都有一半的貼文得到之評論或按讚數在 1 個以下，這是值得注意的事實。

無論最終的結論是寫成報告、論文或文章，重要的是要能說明資料本身、使用的程序、發現的結果以及任何有助於閱覽者充分瞭解所作分析之背景資訊。

本章小結

在本章，讀者學到思考問題研究的各個步驟，像資料處理、篩選和分析等，並按照某一欄位的潛在值，探討處理資料分類和篩選社交平台資料的步驟，然後，看到如何為篩選過的資料集進行簡單的數學計算。

重要的是知道，不止一種方法可處理這樣的分析，從技術面來看，某些資料分析人員會選擇使用不同的函式來執行本章的各種篩選和彙計，面對不同情況，研究人員可能嘗試使用不同的方法論，以及為他的資料思考不同的分類和彙計方法，例如，別的開發者可能使用另一種方法來分類有關疫苗接種的貼文，像利用多個詞彙篩選資料，而不是只用一個詞幹（本例為 vaccin）篩選。利用資料分析來回答問題，並沒有絕對可靠的方法，某些偏執的使用者在回答相同的研究議題時，會認為應該嘗試不同分析方法及進行更多實驗，這樣會更有幫助，就像我們在本章所做的那樣。

本章使用分類方式細分資料集，藉以匯總資料集摘要，而下一章將研究如何利用不同時間區段來匯總資料。

10

評量推特上的政治活動

在第 9 章，第一次對大型資料集進行分析，看到如何藉由簡單的分類方式來回答研究的議題，雖然得到不錯的結果，但是這種分析有其侷限性：只能檢驗一個時點上的資料。另一方面，分析跨時間的資料，可以找出發展趨勢，並瞭解所遭遇到的異常情況，藉由探索資料的變化並隔離特定事件，可以在它們之間建立有意義的聯繫。

本章將研究隨時間變化的資料，具體來說，就是研究推特於 2018 年發布的資料集，這份資料集是在 2016 年美國總統大選前後，由駐伊朗的政治人物所發布的推文所組成，用來影響美國及其他地區的輿論。這些資料副本是該平台持續中的專案之一部分，讓研究人員能夠分析偽冒和網軍的推特帳號所進行之媒體操縱活動。我們想檢查主題標籤（Hashtags）關聯到唐納德‧川普（Donald Trump）及／或希拉蕊‧柯林頓（Hillary Clinton）的推文，檢驗它們隨時間的變化，是否因選舉而遞增？是在 2016 年大選後就立即中止，還是會繼續增長？

在分析的過程中，將學習使用 lambda 型式的函式來篩選資料，也會看到如何格式化原始資料，將其轉換為時間序列或重新取樣。再者，還會新學到伴隨 pandas 一起工作的 matplotlib 函式庫（https://matplotlib.org/），在 Jupyter Notebook 環境中，藉由此函式庫將資料視覺化，使用簡單的圖形說明資料波動，幫助我們理解資料內涵。在此專案結束後，讀者應該能充份掌握 pandas 以及它的使用時機。

前置作業

在 2017 年和 2018 年，推特、臉書和 Google 因放縱外國人士散佈虛假或誤導性內容，影響美國和其他地區的輿論而受到嚴厲批判，因公民監督的力量，最後釋出兩個重要的資料包裹：其中之一是根據推特、美國國會和各種媒體報導，俄羅斯利用推特企圖操縱美國的媒體輿論；另一個是伊朗也從事類似的活動。

俄羅斯這份資料集大很多，需要花費很長時間來載入和處理，可能會拖延我們的學習進度，因此，將重點放在另一組伊朗資料集，仔細查看此試算表的標題為 iranian_tweets_csv_hashed.csv，可自下列網址下載：

https://archive.org/download/iranian_tweets_csv_hashed/iranian_tweets_csv_hashed.csv

研究議題很簡單：隨著時間推移，伊朗的網軍在推特上發布了幾條與川普和柯林頓有關的推文？此處定義與川普或柯林頓有關的推文，是指主題標籤是否包含「trump」（川普）或「Clinton」（柯林頓）字串的推文，主題標籤內容不區分大小寫，如第 9 章所探討的，這種分類有可能遺漏與兩位總統候選人相關的一些推文，但基於教學目的，此處只是進行簡單版的課程，真正進行資料分析時，可能會執行更嚴謹的程序。

現在已有一個研究議題，就開始執行這個專案吧！

設置分析環境

和上一章一樣,先為專案建立一個新資料夾,並在該資料夾內建立三個子資料夾:data、notebooks 和 output,完成這些操作後,將下載的推特資料包放在 data 資料夾。

接下來,在 CLI 切換到專案目錄,然後輸入「python3 -m venv myvenv」建立本專案的虛擬環境,在專案資料夾內部建立虛擬環境後,可以使用「source myvenv/bin/activate」命令啟動它,若看到 CLI 的提示符出現「(env)」就表示已成功啟動虛擬環境。如需要喚起記憶,請重新閱讀第 8 章的「建置虛擬環境」小節。

虛擬環境啟動後,需要安裝會用到的 jupyter、pandas 和 matplotlib 函式庫,此處將以 pip 進行安裝,指令如下:

```
pip install jupyter
pip install pandas
pip install matplotlib
```

安裝此三個函式庫後,在主控台(CLI)輸入「jupyter notebook」,Jupyter 啟動後,從瀏覽器的 Jupyter 界面選擇「New▸Python 3」建立新筆記紙,新開的筆紀紙之名稱應該是「Untitled」,請點擊此標題,將它更名為「twitter_analysis」。

完成這些工作後就可以繼續後面的工作了!

將資料載入筆記紙

為確認剛剛安裝的函式庫可以使用,請匯入 pandas 和 matplotlib,在筆記紙的第一個單元格輸入下列內容:

```
import pandas as pd
import matplotlib.pyplot as plt
```

第一列匯入 pandas 函式庫，並以 pd 作為簡寫代號，之後可以用 pd 存取 pandas 函式庫的所有功能；第二列對 matplotlib 函式庫做類似的操作，但這裡只需要 pyplot 功能子集，我們以 plt 作為簡寫代號，之後就能用 plt 代替 matplotlib.pyplot 物件，可以簡化操作，避免程式紊亂。

（NOTE） 約定成俗的用法，在 pandas 的說明文件習慣以 pd 代替 pandas 函式庫，同理，matplotlib 的文件亦習慣以 plt 做為簡寫代號。

選擇此單元格後，點擊「**Run**」鈕（或鍵盤的 SHIFT+ENTER 鍵）執行程式，之後，在其他單元格裡的程式就能存取這兩個函式庫。

接下來就要載入資料包，這裡建立 tweets 變數來儲存待分析的資料，請在下一個單元格輸入並執行下列內容：

```
tweets = pd.read_csv("../data/iranian_tweets_csv_hashed.csv")
```

這列程式利用 pandas 的 read_csv() 函式，將儲存在 data 資料夾的 Twitter 試算表檔讀進來，read_csv() 要求 .csv 檔案的路徑作為參數，執行完成後會回傳一組資料框。若忘了什麼是資料框，請回頭翻閱第 8 章的內容。

現在已經將資料讀進來，想想接下來的步驟。該資料集的推文涵蓋廣泛主題，但我們只在意與唐納德‧川普及希拉蕊‧柯林頓有關的推文，亦即，只需要篩選出與此相關的推文就好，就像在第 9 章從 r/askscience 資料集篩選出與疫苗接種相關的貼文一樣。

在縮小資料範圍之前，要好好地瞭解資料架構及內涵，由於它已經被載入，因此可以用 head() 函式進行探索，在單元格中輸入並執行下列程式：

```
tweets.head()
```

應該看到如圖 10-1 所示的前五筆資料。

```
tweets.head()
```

	tweetid	userid	user_display_name	user_screen_name	user_reported_location	user_profile_description	user_profile_url	follower_count	follo
0	533622371429543936	299148448	Maria Luis	marialuis91	Nantes, France	journaliste indépendante/un vrai journaliste e...	NaN	8012	
1	527205814906654721	299148448	Maria Luis	marialuis91	Nantes, France	journaliste indépendante/un vrai journaliste e...	NaN	8012	
2	545166827350134784	299148448	Maria Luis	marialuis91	Nantes, France	journaliste indépendante/un vrai journaliste e...	NaN	8012	
3	538045437316321280	299148448	Maria Luis	marialuis91	Nantes, France	journaliste indépendante/un vrai journaliste e...	NaN	8012	
4	530053681668841472	299148448	Maria Luis	marialuis91	Nantes, France	journaliste indépendante/un vrai journaliste e...	NaN	8012	

5 rows × 31 columns

圖 10-1：所載入的資料框

誠如所見，此資料副本保存與推文相關的大量詮釋資料，每一列代表一條推文，裡頭包含有關推文本身的內容，以及發布推文的使用者資訊。還記得第 8 章以清單方式查看每個欄位名稱的作法吧！可以使用下列程式：

```
tweets.columns
```

執行該單元格後，會看到如下清單：

```
Index(['tweetid', 'userid', 'user_display_name', 'user_screen_name',
       'user_reported_location', 'user_profile_description',
       'user_profile_url', 'follower_count', 'following_count',
       'account_creation_date', 'account_language', 'tweet_language',
       'tweet_text', 'tweet_time', 'tweet_client_name', 'in_reply_to_tweetid',
       'in_reply_to_userid', 'quoted_tweet_tweetid', 'is_retweet',
       'retweet_userid', 'retweet_tweetid', 'latitude', 'longitude',
       'quote_count', 'reply_count', 'like_count', 'retweet_count', 'hashtags',
       'urls', 'user_mentions', 'poll_choices'],
      dtype='object')
```

就我們的目的，重要的欄位是「hashtags」和「tweet_time」，hashtags欄將每條推文使用的所有主題標籤以文字清單方式呈顯，中括號裡的標籤文字彼此以逗號（,）分隔。雖然它們遵循資料清單的格式，但Python 會將它視為一個長字串，圖 10-2 的範例是資料集第 359 筆推文，使用的主題標籤是「Impeachment」和「MuellerMonday」，並以長字串「[Impeachment, MuellerMonday]」格式儲存。請注意，並非每條推文都有用到主題標籤，而我們只會分析那些有標籤的部分。

```
tweets.iloc[358]

tweetid                                               1026465539835785216
userid                          fa345559085c3eefd96303a1378c1a6164a036b0e24472...
user_display_name               fa345559085c3eefd96303a1378c1a6164a036b0e24472...
user_screen_name                fa345559085c3eefd96303a1378c1a6164a036b0e24472...
user_reported_location                                        Delaware, USA
user_profile_description        Progress is impossible without change, and tho...
user_profile_url                                        https://t.co/i2omiuAU7S
follower_count                                                           1341
following_count                                                          1774
account_creation_date                                              2018-01-13
account_language                                                          en
tweet_language                                                            en
tweet_text                      #Impeachment: Last episode, arrestment of Trum...
tweet_time                                                  2018-08-06 13:50
tweet_client_name                                          Twitter Web Client
in_reply_to_tweetid                                                      NaN
in_reply_to_userid                                                       NaN
quoted_tweet_tweetid                                              1.02495e+18
is_retweet                                                              False
retweet_userid                                                           NaN
retweet_tweetid                                                          NaN
latitude                                                                 NaN
longitude                                                                NaN
quote_count                                                                0
reply_count                                                                0
like_count                                                                 1
retweet_count                                                              0
hashtags                                     [Impeachment, MuellerMonday]
urls                            [https://twitter.com/i/status/1024946380857458...
user_mentions                                                            NaN
poll_choices                                                             NaN
includes_trump_or_clinton                                              False
Name: 358, dtype: object
```

圖 10-2：使用 .iloc [] 方法顯示 tweet 資料框的第 359 列的內容

透過 hashtags 欄位能夠識別主題標籤帶有「trump」或「clinton」的推文，tweet_time 則是發送該推文的時間戳記，在完成資料篩選後，利用 tweet_time 欄位計算與 Trump（川普）及和 Clinton（柯林頓）有關的每月推文數量。

為了篩選資料，將重複之前分析疫苗接種時所執行過的某些步驟，那時曾建立一個新欄位，並利用 contains() 函式判斷其他欄位是否包含「vaccin」字串，然後在新欄位填入「True」或「False」。在此專案，也要建立一個新欄位來記錄「True」或「False」，但不再使用 contains() 函式，而是 pandas 更強的新功能：lambda 函式。

Lambdas

Lambda 函式是一種短小精悍的匿名函式，可以用於處理欄位中的值，不必再受限於 pandas 開發人員所撰寫的功能（如 contains()），從此可以用自定義的 lambda 修改資料內容。

來看看 lambda 函式的結構，假設將數字加 1，然後回傳新值，一般的 Python 函式可能寫成：

```
def add_one(x):
    return x + 1
```

使用 def 關鍵字建立 add_one() 函式，這裡只定義一個參數 x，然後在冒號（:）的下一列以內縮形式撰寫函式的主體程式。現在來看看具相同效果的 lambda 式子：

```
lambda x: x + 1
```

和內縮型式的 Python 函式不同，lambda 通常將程式碼緊湊地寫在同一列，新函式不必透過 def 定義，也不必指定名稱，而是在「lambda」這個單字之後跟著參數 x（不需要使用括號），在冒號之後直接書寫程式主體，這裡就是對 x 加 1。注意，此函式沒有名稱，這就是為何稱 lambdas 為匿名函式的原因。

要將此 lambda 函式應用於欄位上，就將函式本身以參數方式傳遞給 apply() 函式，如清單 10-1 所示。

```
dataframe["column_name"].apply(lambda x: x + 1)
```

清單 10-1：將 lambda 函式傳遞給 apply() 函式

在此範例以「column_name」名稱從 dataframe 資料框選取欄位,並將
lambda 「x +1」套用到該欄位,注意,此例要能正常工作,column_
name 欄位的內容必須是數字,而非字串。上面這列程式會回傳一系列
的執行結果,得到的結果是每一筆資料的 column_name 欄位值都加上
1,換言之,它會顯示 column_name 欄位上每個值加 1 的結果。

若需要對欄位進行更複雜操作,還是可以將傳統的 Python 函式傳遞給
apply(),例如改寫清單 10-1,以便使用之前定義的 add_one() 函式,
只需如下式,將函式名稱傳遞給 apply() 即可:

```
dataframe["column_name"].apply(add_one)
```

Lambda 用在修改整欄資料時,會非常實用、有效,因屬於匿名性質,
又易於編寫,非常適合一次性任務。

好了!關於 lambdas 的介紹應該足夠了!回到我們的分析上。

篩選資料集

要取得一個僅包含 2016 年總統候選人相關的推文資料框,如前面提到的,只需利用簡單的演算法:篩選 hashtags 欄位包含「trump」或「clinton」字串的推文。或許無法完全篩選與唐納德·川普或希拉蕊·柯林頓的所有推文,卻是一種檢視網軍活動的清晰、易懂的方法。

首先要建立一個儲存布林值「True」或「False」的欄位,用以表示推文的主題標籤是否含有「trump」或「clinton」字串。可以使用清單 10-2 的程式來完成此動作。

```
tweets["includes_trump_or_clinton"] = tweets["hashtags"].apply(lambda x:
"clinton" in str(x).lower() or "trump" in str(x).lower())
```

清單 10-2:為推文的資料集建立一個儲存 True 或 False 的新欄位

此段程式非常緊湊,且將其分解為幾個部分說明。在等號的左側建立一個新欄位 includes_trump_or_clinton,用於儲存 lambda 函式的結果。在右側選擇 hashtags 欄位,並應用到下列 lambda 函式:

```
lambda x: "trump" in str(x).lower() or "clinton" in str(x).lower()
```

此 lambda 函式要做的第一件事,使用「"trump" in str(x).lower()」這段程式檢查主題標籤的字串中是否包含「trump」,這段程式將 hashtags 欄位的值傳給 x 參數,藉由 str() 函式將 x 轉換成字串型別,再利用 lower() 將所有字母轉成小寫,最後檢查「trump」是否出現在小寫字串中,如果出現在小寫字串中,就回傳「True」,反之,回傳「False」。利用 str() 函式是一種好習慣,可以將任何值(甚至是空清單和 NaN 值)都轉換成可以查詢的字串,還可以省略第 9 章所做的過濾空值之步驟,若不使用 str(),空值(null)可能造成程式執行錯誤。

在 lambda 函式的右側針對 clinton 應用相同的程式。因此,若主題標籤的字串包含「trump」或「clinton」(忽略大小寫),則這一條推文就會被標示為「True」,否則,即標示為「False」。

一旦完成 True 或 False 這欄後，要把擁有「True」的推文篩選到 includes_trump_or_clinton 變數，相關程式碼如清單 10-3：

```
tweets_subset = tweets[tweets["includes_trump_or_clinton"] == True]
```

清單 10-3：篩選只包含 tump 或 clinton 的推文

此段程式會建立名為 tweets_subset 的新變數，用來儲存篩選後，主題標籤內容與川普或柯林頓相關的推文。這裡利用中括號根據「tweets["includes_trump_or_clinton"]」為「True」的條件選取 tweets 的子資料集，透過這段程式縮減資料集，只篩選出必要的推文。

在獨立的單元格執行「len(tweets_subset)」，找出 tweets_subset 的資料筆數，應該是 15,264。現在該是查看與川普或柯林頓相關的推文之數量隨時間變化的情形了。

將資料轉換成 datetime 格式

利用篩選後的資料集計算特定時段內有關川普或柯林頓的推文之數量，這種計數通常稱為時間序列。為此，需要將資料格式轉換為時間戳記，並使用 pandas 函式根據這些時間戳記進行統計。

如同第 6 章使用 Google 試算表進行探險時所看到的，為程式碼指定要處理的資料型別是重要的，儘管 Google 試算表和 pandas 可以自動偵測整數、浮點數和字串等資料型別，但也可能出錯，最好明確告知資料型別，不要跟它賭運氣，其中一種方法是為每一條推文選擇具時間戳記的欄位，並告訴 Python 以 datetime 的資料型別處理這類資料。

先來看看 pandas 如何詮釋資料欄位，這裡使用第 8 章看過 dtypes 屬性來檢視資料集的某些特性，就是檢查每一欄的資料型別：

```
tweets_subset.dtypes
```

如果在單元格執行此段程式，Jupyter 筆記紙會顯示資料框的欄位及其資料型別：

```
tweetid                    int64
userid                     object
user_display_name          object
user_screen_name           object
user_reported_location     object
user_profile_description   object
user_profile_url           object
follower_count             int64
following_count            int64
account_creation_date      object
account_language           object
tweet_language             object
tweet_text                 object
tweet_time                 object
tweet_client_name          object
in_reply_to_tweetid        float64
in_reply_to_userid         object
quoted_tweet_tweetid       float64
```

```
is_retweet              bool
retweet_userid          object
retweet_tweetid         float64
latitude                float64
longitude               float64
quote_count             float64
reply_count             float64
like_count              float64
retweet_count           float64
hashtags                object
urls                    object
user_mentions           object
poll_choices            object
dtype: object
```

可看到 account_creation_date 和 tweet_time 兩個欄位的資料也是與時間相關的，而我們在意的是推文，不是帳戶活動，因此，將重點放在 tweet_time 上。到目前為止，pandas 將 tweet_time 視為 object（物件）型別，在 pandas 裡通常代表字串。但 pandas 也有專門用於時間戳記的 datetime64[ns] 型別。

為了將此欄位的資料格式化為 datetime64[ns]，可以使用 pandas 的 astype() 函式，透過此函式，會以相同資料內容，但型別是 datetime 物件的欄位來取代 tweet_time 欄位，程式碼如清單 10-4。

```
tweets_subset["tweet_time"] = tweets_subset["tweet_time"].
astype("datetime64[ns]")
```

清單 10-4：使用 asytype() 函式格式化 tweet_time 欄的資料型別

就跟從前一樣，將「tweet_time」字串放到資料集的中括號就可以選擇欄位，再對它套用 .astype() 函式來替換它的型別，亦即，將選定的欄位（tweet_time）轉換成在括號（"datetime64[ns]"）所指定的資料型別。

要檢查轉換是否有效，可以在獨立的單元格中，再次對 tweets_subset 變數執行 dtypes：

```
tweets_subset.dtypes
```

在此程式碼的單元格下面，應該看到 tweet_time 欄位現在是 datetime64[ns] 型別。

```
-- 前面內容省略 --
account_language                    object
tweet_language                      object
tweet_text                          object
tweet_time                  datetime64[ns]
tweet_client_name                   object
in_reply_to_tweetid                float64
in_reply_to_userid                  object
-- 以下內容省略 --
```

現在 tweet_time 的資料擁有正確型別，可以使用它來統計 includes_trump_or_clinton 裡的值了。

重新取樣資料

本議題是要找出每個時段內主題標籤包含 trump 或 clinton 的推文之計數，為此，將使用名為重新取樣（resampling）的程序，該過程中，將彙計（aggregate）特定時間間隔內的資料，可能是計算每日、每週或每月的推文數量，我們的例子是按月統計，若想得到更細粒度的結果，也可以按週或按日進行抽樣。

重新取樣資料的第一步是將 tweet_time 欄位設為索引，它的功用類似於列標籤，以便能夠根據 tweet_time 的值來選擇和定位資料列，之後可對它們進行不同類型的數學運算。

使用 set_index() 函式將 tweet_time 欄設為索引，只要將 tweet_time 作為參數傳遞給 set_index()，就會傳回一組完成索引的新資料框，如清單 10-5，將它儲存到 tweets_over_time 的變數。

```
tweets_over_time = tweets_subset.set_index("tweet_time")
```

清單 10-5：設定新索引並儲存回傳的資料框

看看索引過的資料框長什麼樣子，請執行 tweets_over_time.head() 函式，會顯示類似圖 10-3 的內容。

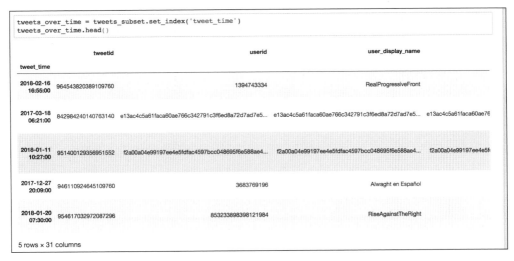

```
tweets_over_time = tweets_subset.set_index('tweet_time')
tweets_over_time.head()
```

	tweetid	userid	user_display_name
tweet_time			
2018-02-16 16:55:00	964543820389109760	1394743334	RealProgressiveFront
2017-03-18 06:21:00	842984240140763140	e13ac4c5a61faca60ae766c342791c3f6ed8a72d7ad7e5...	e13ac4c5a61faca60ae766c342791c3f6ed8a72d7ad7e5...	e13ac4c5a61faca60ae76
2018-01-11 10:27:00	951400129356951552	f2a00a04e99197ee4e5fdfac4597bcc048695f6e588ae4...	f2a00a04e99197ee4e5fdfac4597bcc048695f6e588ae4...	f2a00a04e99197ee4e5fc
2017-12-27 20:09:00	946110924645109760	3683769196	Alwaght en Español
2018-01-20 07:30:00	954617032972087296	853233898398121984	RiseAgainstTheRight

5 rows × 31 columns

圖 10-3：以 tweet_time 欄作為索引的資料框

此處有個細微但重要的視覺變化，資料框左側原本的整數索引編號（見圖 10-1）已經換成 tweet_time 欄位，並以粗體字顯示，表示已經用 tweet_time 欄位的時間戳記取代原本的數字序號索引。

有了新索引，可以使用 resample() 函式，按時間將資料分組和彙計，如清單 10-6 所示。

```
tweet_tally = tweets_over_time.resample("M").count()
```

清單 10-6：使用 resample() 為資料框的資料進行分組和彙計

可以在 resample() 函式的括號內指定資料的彙計週期（每日、每週或每月），由於我們關心的是推文如何影響 2016 年美國總統大選，希望每月統計一次，故輸入字串「M」（Month 的縮寫）以月為週期，最後需要指定如何彙計週期內的資料，我們的目的是計算每月的推文發布次數，故使用 count() 函式。

執行此單元格的程式碼後，就可以在新單元格執行「tweet_tally. head()」查看彙計結果，應該會看到類似圖 10-4 的資料框，包含每個欄位每月的計數值。

```
tweet_tally = tweets_over_time.resample('M').count()
tweet_tally.head(20)
```

tweet_time	tweetid	userid	user_display_name	user_screen_name	user_reported_location	user_profile_description	user_profile_url	follower_count	following_co
2013-08-31	1	1	1	1	1	1	1	1	1
2013-09-30	0	0	0	0	0	0	0	0	0
2013-10-31	0	0	0	0	0	0	0	0	0
2013-11-30	2	2	2	2	2	2	2	2	2
2013-12-31	0	0	0	0	0	0	0	0	0
2014-01-31	0	0	0	0	0	0	0	0	0
2014-02-28	1	1	1	1	1	1	1	1	1
2014-03-31	1	1	1	1	1	1	1	1	1
2014-04-30	1	1	1	1	1	1	1	1	1
2014-05-31	0	0	0	0	0	0	0	0	0
2014-06-30	2	2	2	2	2	2	2	2	2
2014-07-31	0	0	0	0	0	0	0	0	0
2014-08-31	5	5	5	5	5	5	5	5	5
2014-09-30	1	1	1	1	1	1	1	1	1
2014-10-31	2	2	2	2	2	2	2	2	2
2014-11-30	1	1	1	1	1	1	1	1	1
2014-12-31	0	0	0	0	0	0	0	0	0
2015-01-31	3	3	3	3	0	3	0	3	
2015-02-28	7	7	7	7	4	7	4	7	
2015-03-31	5	5	5	5	5	5	5	5	

20 rows × 31 columns

圖 10-4：重新取樣的資料框包含每個欄位的每月計數。請注意，2015-01-31 列的計數值不一致

如圖 10-4 所示，pandas 已經統計每個月各欄位的值之個數，並將結果儲存成新的欄值，按 tweet_time 的日期分切，每一列代表一個月。

此結果並不理想，很多值分散在 30 欄中，此外，同一月份的每一欄計數也可能有所不同，以圖 10-4 的 2015-01-31 那一列為例，雖然 tweet_id 欄的計數是「3」，代表伊朗網軍在這個月發布了 3 條主題標籤含有「trump」或「clinton」的推文，但 user_profile_url 欄的計數卻是「0」，這些推文都未包含有關使用者身分資料的網址。

基於此觀點，應該謹慎選擇最能確定每月推文數量的依據：哪個欄位的計數才能真正反應結果。如果以 user_profile_url 欄位的值來計數，只會抓到以使用者身分網址為依據的推文，不會統計沒有這些網址的推文，可能因而低估資料框中總體推文的數量。

因此，在重新取樣資料集之前，應該考慮使用每一列都會出現值的欄位，以此欄位進行計數，這是非常重要的一步，當使用 head() 或 tail() 函式查看資料內容，似乎每筆資料的各個欄位都有出現值，但面對大型資料集，僅查看一小部分的相對資料是無法做出確認的，想想哪一欄是資料集中不可被忽略的元素，將有助於確認誰才是具有決定性的獨特個體，例如，一條推文不見得帶有標籤，但一定會有唯一的標識代號或 ID，以清單 10-5 儲存在 tweets_over_time 的資料集而言，每一列推文的 tweetid 欄位都有一個值。

要計算每月推文的筆數，可以只取用 tweetid 欄的計數值，並將它儲存到 monthly_tweet_count 變數，如下所示：

```
monthly_tweet_count = tweet_tally["tweetid"]
```

此時，使用 head() 函式檢視 monthly_tweet_count 的內容，可以得到此資料框明確的每月推文計數：

```
tweet_time
2013-08-31    1
2013-09-30    0
2013-10-31    0
2013-11-30    2
2013-12-31    0
Freq: M, Name: tweetid, dtype: int64
```

至此，程式已建立推文筆數隨時間推移而變化的資料框，但逐列閱覽這些數字，仍然不夠直覺，希望能夠看到橫跨整個資料集的趨勢變化。

將資料繪成圖表

為了更全面地瞭解這些資料，使用本章前面安裝及匯入的 matplotlib 函式庫為 pandas 資料框繪製圖表，使本專案更趨完美，因為視覺化的時間序列會讓結果更加清晰及易於解讀。

在本專案開始的時候，已經匯入 matplotlib 函式庫的 pyplot 功能模組，並以簡寫的 plt 代表。要存取其功能，請在 plt 之後接上要使用的函式，如下所示：

```
plt.plot(monthly_tweet_count)
```

上式，plot() 函式以 monthly_tweet_count 資料框作為參數，在 x 軸繪製資料框的日期，y 軸上繪製每月的推文計數，如圖 10-5 所示。

<u>**NOTE**</u> 在 matplotlib 裡有許多種自定繪圖的方法，想要瞭解進一步資訊，請瀏覽 https://matplotlib.org/。

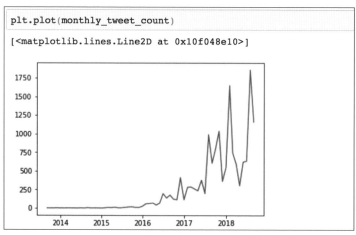

圖 10-5：在 Jupyter Notebook 利用 matplotlib 建立的圖表

哇！現在有一張呈現主題標籤與川普或柯林頓相關的推文數量之圖表，如我們所料，到 2016 年底，這些推文突然增加，雖然在選舉結束後的幾個月，它們的活動發生劇烈變化，但網軍在 2016 年美國總統大選前後的確變得比較活躍。儘管本書無法完成所有必要研究來解釋此現象，不過，數位鑑識研究實驗室對伊朗帳號的深入分析，可以參閱：

https://web.archive.org/web/20190504181644/

本章小結

本章的專案展現 Python 處理資料分析的強大功能,只需幾列程式碼就可以開啟龐大的資料集、根據內容進行篩選、進行每月統計,並以圖形化呈現易以理解的成果,在此過程中,學習到 lambda 函式和根據 datetime 物件重新取樣資料的技巧。

本章將本書的習作做一個總結,下一章(也是最後一章)將探討如何進一步自我學習,讓自己變成積極、自主的 Python 學習者。

WHERE TO GO FROM HERE

11

未來之路

經 過 10 章洗禮,已經學習許多可用來協助調查社交網路的新工具,瞭解社群媒體生態系統的概觀,並建立蒐集及分析資料的堅實基礎,最後一章將介紹一些可以協助強化知識、提升程式撰寫能力的資源,讓讀者可以成為更優秀的資料科學家。

程式撰寫風格

就像寫文章一樣，每個人都有自己撰寫程式的風格，本書的程式旨在傳達資料分析的概念，及幫助讀者瀏覽 Python 和所需的函式庫，這些程式雖然功能豐富，但也比較冗長：筆者將分析過程拆解為多個步驟，並逐一編寫，例如，利用變數儲存不同時間點的資料框，或使用新建的欄位來篩選資料。這種程式撰寫方式有其好處，可以幫助讀者（和其他協作者）理解流程的每個階段，但是，開始撰寫更長、更複雜的腳本或 Jupyter 筆記紙時，可能希望將本書所見的功能以更簡潔的語法改寫。

同樣地，從事更複雜的分析，使用的函式庫會越來越多，必須學習適應各種程式撰寫風格，在第 5 章中重寫 Wikipedia 搜刮腳本時，曾扼要提及撰寫可重用的程式碼之想法，但還有很多撰寫簡潔、精練、有效率程式的技巧，與其聽信媒體所報導，程式開發者是不愛社交活動的宅宅，你更應該相信程式開發是一種協同合作的過程，函式庫開發者會從成千上百位使用其函式庫的人所回饋之問題或建議而獲益。作為程式開發人員，總是會藉用他人的成果來增強自己的功能，而使用別人的程式，第一步就是要能理解它！

為此，底下是利用 pandas 撰寫簡潔 Python 程式，或者使用 Jupyter Notebook 進行可重現的資料分析時，可以參考的實用資源，雖然稱不上指南大全，卻是很好的起點：

- Python 程式風格通用指南（https://docs.python-guide.org/writing/style/），以及資料科學家風格指南（http://columbia-applied-data-science.github.io/pages/lowclass-python-style-guide.html）

- Think Python, 2nd Edition（作者：Allen B. Downey，歐萊禮 2015 出版），可根據作者網站的知識共享授權免費取得（https://greenteapress.com/wp/think-python-2e/）。
中譯本《Think Python｜學習程式設計的思考概念》由黃銘偉翻譯，碁峰資訊 2016 出版。

- 由 Sofia Heisler 所撰寫的《A Beginner's Guide to Optimizing Pandas Code for Speed》（優化 Pandas 程式執行速度的入門者指南），原文網址為：https://engineering.upside.com/a-beginners-guide-to-optimizing-pandas-code-for-speed-c09ef2c6a4d6/）。

- 由 Jeremy Singer-Vine 撰寫的《What We've Learned About Sharing Our Data Analysis》（從分享資料分析所學到的經驗），原文網址為：https://source.opennews.org/articles/what-weve-learned-about-sharing-our-data-analysis/）

本書使用的函式庫和工具，已經過 Python 使用者長時間考驗，然而新的函式庫如雨後春筍一直冒出頭，甚至某些功能比現行函式庫還要好，開源軟體的本質是隨用戶需求而發展，在繼續你的旅程時，可以尋找行業領域中之專業人士維護的部落格和論壇，隨時瞭解 Python 的最新趨勢，對於即興學習 Python 的人，筆者覺得尋找有關 Python 和特定函式庫（如 pandas）的資源是很有價值的。

統計分析

本書用到統計分析領域的一些基本概念，但平均數和中位數分析，以及彙計和重新取樣原始社交資料之類的概念，只是利用社交網路資料集進行統計分析中的一小部分。

以下列舉一些可以幫助你強化統計分析技能的學習資源：

- 由 Alex Reinhart 撰 寫，No Starch Press 2015 年 出 版 的《Statistics Done Wrong》，涵蓋統計分析的一些常見失誤以及如何從中汲取教訓（https://nostarch.com/statsdonewrong/）

  中譯本《不敗的數據學》由畢馨云翻譯，臉譜出版社出版。

- Charles Wheelan 所 著，W.W. Norton 2014 年 出 版 的《Naked Statistics》，以 有 趣 的 實 例 為 統 計 學 提 供 絕 妙 闡 述（https://books.wwnorton.com/books/Naked-Statistics/）。

  中譯本《聰明學統計的 13 又 ½ 堂課》由愛荷翻譯，先覺出版社出版。

- Hadley Wickham 的 學 術 論 文《Tidy Data》（ 整 理 資 料 ），為了更有效進行資料分析，提供資料整理或資料重構的實用方法。（https://www.jstatsoft.org/article/view/v059i10）

更多的資料分析方法

最後，在過去幾年，出現一些更先進的分析方法，尤其是適用於社交網路資料的分析方法。

其中一個例子是將一般文字轉換成可分析資料的自然語言處理（NLP），Python 函式庫提供許多 NLP 功能，包括自然語言工具箱（NLTK；https://www .nltk.org/）和 spaCy（https://spacy.io/），這些函式庫可以將整篇文字拆解為較小的部分，像單字、詞幹、句子或片語，以便進一步分析。例如，計算資料集中特定單字的出現次數，研究它們與其他關鍵片語的關係，以瞭解人們在社交平台討論特定主題的方式。詞彙會在特定社群中演變或圍繞特定新聞事件，什麼單字與特定新聞現象有關？不同團體使用的詞彙有何差異？不同的社群是否使用不同的言語討論同一件事情？基於身分類別、共同的政治傾向或其他文化因素，網路上出現越來越多團體，這些團體最終會發展出共通的詞彙、節奏和意識形態。NLP 可以協助理解這些團體的成員如何聚集，並用自己的語言形成新的資訊世界。

另一個引人注目的領域是機器學習（machine learning），這是人工智慧的一個分項，從 Google 搜尋欄的自動完成，到保險估算都已引入人工智慧。就研究觀點，機器學習也可以成為分類社交網路的強大工具。簡單來說，機器學習就是將一堆資料餵給程式，讓它從這些資料中找出行為模式，例如將第 10 章有關推特上網軍資料提供給機器學習演算法學習，依照前面的資料集找出模式，當提交新資料給它時，看它能否根據此模式將這些帳號歸類為網軍。雖然它無法百分之百找出偽冒的政治活動者，但可能有助於大幅縮小須進一步審查的推文及推特帳戶範圍。

以下是有關 NLP 和機器學習的一些建議資源：

- Natural Language Processing with Python（利用 Python 處理自然語言）是由 Steven Bird、Ewan Klein 和 Edward Loper 合寫的精彩 NLP 線上入門文件，為讀者清楚傳達重要概念，同時教授技術技能。（https://www.nltk.org/book/）

- spaCy 101: Everything You Need to Know（spaCy 101： 你 需要知道的一切）是有關 spaCy 的實用入門教材，spaCy 是一套可以處理語言分析的 Python 函式庫。（https://spacy.io/usage/spacy-101）

- An Introduction to Machine Learning with scikit-learn（ 用 scikit-learn 介紹機器學習），利用 scikit-learn 這套函式庫，為機器學習的入門者提供實用的教學資訊。（https://scikit-learn.org/stable/tutorial/basic/tutorial.html）

總結

在短短十章的篇幅中，能給的東西就這麼多，與任何技能一樣，要將它們融入我們的工作領域，總還有發展和磨練的空間，本書的目的在為讀者奠定紮實基礎，以便往後對社群媒體生態的分析可以無往不利，特別是，筆者希望已激發你探究社交平台世界、進一步瞭解人類上網行為的好奇心，本書只能用很短時間觀察社交平台的衝擊，但希望它能促使你繼續研究社群媒體在未來幾年的影響力。

社群網站資料探勘｜看數字說故事、不用拔草也能測風向

作　　者：Lam Thuy Vo
譯　　者：江湖海
企劃編輯：莊吳行世
文字編輯：江雅鈴
設計裝幀：張寶莉
發 行 人：廖文良

發 行 所：碁峰資訊股份有限公司
地　　址：台北市南港區三重路 66 號 7 樓之 6
電　　話：(02)2788-2408
傳　　真：(02)8192-4433
網　　站：www.gotop.com.tw
書　　號：ACD020700
版　　次：2020 年 07 月初版
建議售價：NT$420

國家圖書館出版品預行編目資料

社群網站資料探勘：看數字說故事、不用拔草也能測風向 / Lam
　　Thuy Vo 原著；江湖海譯. -- 初版. -- 臺北市：碁峰資訊，2020.07
　　面；　公分
　　譯自：Mining social media: finding stories in Internet Data
　　ISBN 978-986-502-558-8(平裝)
　　1.資料探勘　2.網路社群
312.74　　　　　　　　　　　　　　　　　　109009606

讀者服務

● 感謝您購買碁峰圖書，如果您
　對本書的內容或表達上有不清
　楚的地方或其他建議，請至碁
　峰網站：「聯絡我們」\「圖書問
　題」留下您所購買之書籍及問
　題。(請註明購買書籍之書號及
　書名，以及問題頁數，以便能
　儘快為您處理)
　http://www.gotop.com.tw

● 售後服務僅限書籍本身內容，
　若是軟、硬體問題，請您直接
　與軟體廠商聯絡。

● 若於購買書籍後發現有破損、
　缺頁、裝訂錯誤之問題，請直
　接將書寄回更換，並註明您的
　姓名、連絡電話及地址，將有
　專人與您連絡補寄商品。